河北省设计创新及产业发展研究中心资助项目
2018 年河北省专业学位教学案例(库)立项建设项目(KCJSZ2018021)

人机产品创新设计与评价

张芳兰 著

燕山大学出版社
·秦皇岛·

图书在版编目（CIP）数据

人机产品创新设计与评价 / 张芳兰著．—2 版．—秦皇岛：燕山大学出版社，2022.1
（2026.1重印）
ISBN 978-7-81142-967-1

I．①人… II．①张… III．①人-机系统—设计 IV.①TB18

中国版本图书馆 CIP 数据核字（2022）第 000901 号

人机产品创新设计与评价

张芳兰　著

出 版 人：陈　玉
责任编辑：孙志强
封面设计：赵小雨
出版发行：燕山大学出版社 YANSHAN UNIVERSITY PRESS
地　　址：河北省秦皇岛市河北大街西段 438 号
邮政编码：066004
电　　话：0335-8387555
印　　刷：廊坊市印艺阁数字科技有限公司
经　　销：全国新华书店

开　　本：700mm×1000mm　1/16　　印　　张：8.75　　字　　数：160 千字
版　　次：2022 年 1 月第 2 版　　印　　次：2026 年 1 月第 2 次印刷
书　　号：ISBN 978-7-81142-967-1
定　　价：40.00 元

版权所有　侵权必究
如发生印刷、装订质量问题，读者可与出版社联系调换
联系电话：0335 8387718

序

在日益激烈的全球化市场竞争中，创新是企业产品占领市场、获取生存、赢得利润的核心武器。与发达国家相比，目前中国企业产品创新设计已取得一定成果，但仍存在一些问题，主要表现在：创新过程所涉及的科学与技术领域知识愈来愈多，增加了创新的复杂性与周期性；企业对多样化与个性化用户需求增长的响应能力差，用户需求获取的完整性与准确性缺少客观的分析方法，无法最大限度满足用户需求，影响设计质量；针对同一设计目标问题，可能会产生多种不同的设计方案，产品方案的形成是一个不确定的、复杂的、多解的创造性过程，方案评价与优选的精确性与客观性无法保障。因此，面对激烈的市场竞争与多样化的市场需求，企业只有依靠先进的理论与方法指导产品创新开发，在创新的周期、设计质量、评价等多方面形成优势，才能具有更强的全球化市场竞争力。设计阶段的产品创新设计与评价是一项复杂的创造性活动，科学准确的设计理论与方法可以有效指导产品设计过程，是产品成功开发的重要前提。虽然创新设计与评价方法历经多年的研究与发展，并在企业产品开发与创新设计实践中得到广泛应用，但其本身仍存在许多有待解决的理论与实践问题。设计阶段是产品创新设计与评价的首要阶段，对产品开发过程的影响至关重要。因此，针对设计阶段的产品创新设计与评价开发出使用快速且科学有效的技术方法，能够从方法论本质上与设计过程实践中提升产品创新与评价的效率和质量，以快速响应来满足多样化、时代化的用户市场需求。

用户在追求产品基本功能、质量的同时，产品的安全性、舒适性、易用性、高效性、审美性、愉悦性、环保性等人机设计特性越来越受到用户的重视。用户使用设计不当的产品、重复损害健康的作业方法、与危害健康的不良工作环境接触，诸如振动、噪音、异常温度、有毒气体等，均会对人体造成危害，甚至引发人体肌肉骨骼病变、职业病及工伤事故。人机工程学理论提供科学的原理与方法，可以有效改善生产、生活与工作环境，为设计师与工程师进行产品创新提供人机设计方向。因此，基于人机工程学理论的人机产品设计研究，可以为各项生产、生活及工作提供更加安全、高效、易学、易用、舒适、高情感的使用方式，可以引导用户形成正确的操作行为与习惯，降低设计与操作不当所引发的各种生理与心理负荷，减少人体肌肉骨骼病变、职业病及工伤事故的发生。

另外，QFD与TRIZ集成设计方法及应用已成为设计研究的热点，可以有效指导基于用户需求的产品设计，促进产品创新设计概念的形成，但并未涉及方案的评价与优选问题。《人机产品创新设计与评价》一书将人机工程学理论、QFD方法、TRIZ理论、模糊综合评价方法进行有效结合，探究人机产品创新设计与评价的模型、方法、理论与关键技术，发挥理论与方法的集成与互补优势，将会大大改善产品设计质量，减少设计失误，缩短设计时间，降低设计成本，提高产品竞争力与用户满意度。通过对人机产品的准确开发与合理使用，可以有效预防与缓解由设计、生物、化学、物理等因素引起的人体危害，提高用户各项生活、生产劳动或工作的质量，形成用户、产品与环境的共生系统。

希望《人机产品创新设计与评价》一书的出版对我国设计研究领域的创新思路有所开拓与启示。

浙江工业大学
刘肖健　博士/教授
2018年12月于杭州

目录

第 1 章　设计前期相关设计理论与方法 …… 1

1.1　人机产品设计理论 …… 2

1.1.1　人机工程学 …… 2

1.1.2　E 理论应用范围 …… 3

1.2　设计集成理论 …… 9

1.2.1　QFD 方法 …… 9

1.2.2　TRIZ 理论 …… 11

1.2.3　QFD、TRIZ 与其他设计理论集成趋势 …… 12

1.3　设计方案评价方法 …… 14

1.3.1　产品设计方案评价方法 …… 14

1.3.2　基于 E 理论的人机产品设计评价方法 …… 18

1.4　本章小结 …… 20

第 2 章　基于 E 理论的用户需求评价模型 …… 21

2.1　现有用户满意度理论与模型分析 …… 21

2.2　人机产品用户满意度模型与 E 设计原则 …… 26

2.2.1　人机产品用户满意度三维分类模型 …… 26

2.2.2　E 设计原则 …… 27

2.3　基于 E 理论的用户需求优先度评价模型 …… 27

2.3.1　基于三角测量法的用户需求原始描述 …… 28

2.3.2　用户需求初选 …… 29

2.3.3　基于李克特五点量表法的用户需求优先度评价 …… 29

2.3.4　基于因子分析方法的用户需求数据优化 …… 30

2.3.5　最终用户需求评价 …… 34

2.4　本章小结 …… 34

第 3 章　基于 QFD 方法的人机产品创新设计关键定位 …… 36

3.1　QFD 方法 …… 36

3.1.1　QFD 的核心思想 …… 36

3.1.2 QFD 模式与过程 …… 37
3.1.3 QFD 核心元件 …… 39
3.1.4 传统 QFD 方法的局限 …… 43
3.2 简化的 QFD 质量屋模型创建与应用 …… 44
3.2.1 简化的 QFD 质量屋模型创建 …… 44
3.2.2 面向简化的质量屋矩阵汽车设计优先度分析 …… 45
3.3 人机产品创新设计关键定位集成模型 E/QFD 创建 …… 47
3.3.1 E/QFD 集成模型创建 …… 47
3.3.2 用户需求与设计特性关系构建 …… 49
3.3.3 构建质量屋确立设计特性优先度与正负相关性 …… 49
3.3.4 关键创新问题与关键设计区域确立 …… 50
3.4 本章小结 …… 50

第 4 章 基于 TRIZ 理论的人机产品创新设计方案研究 …… 52

4.1 TRIZ 理论 …… 52
4.1.1 技术与需求进化理论 …… 52
4.1.2 冲突解决原理 …… 58
4.1.3 TRIZ 理论解决问题的一般过程 …… 63
4.1.4 传统 TRIZ 理论的局限 …… 63
4.2 人机产品创新方案产生集成模型 E/QFD/TRIZ 创建 …… 64
4.2.1 E/QFD/TRIZ 集成模型构建 …… 64
4.2.2 关键创新问题与 TRIZ 问题转化 …… 65
4.2.3 关键创新问题冲突分析与消除 …… 66
4.2.4 具体创新方案产生 …… 67
4.3 E/QFD/TRIZ 集成模型在人机洗浴设施创新中的应用 …… 67
4.4 本章小结 …… 71

第 5 章 基于模糊多属性群决策的人机产品设计方案评价 …… 73

5.1 模糊理论 …… 73
5.1.1 三角模糊数 …… 73
5.1.2 语言变量与模糊数 …… 74
5.2 多属性群决策设计评价 …… 75
5.2.1 设计评价与群决策 …… 75
5.2.2 多属性群决策设计评价方法 …… 76

5.3 评价属性体系构建方法 …… 77
5.3.1 基于 E 设计要素的评价属性体系构建 …… 77
5.3.2 基于外观形态特征群的评价属性体系构建 …… 78
5.4 基于 FTOPSIS 的模糊多属性群决策评价方法 …… 81
5.4.1 设计方案评价模型构建 …… 81
5.4.2 确定方案及其评价属性 …… 82
5.4.3 确定决策群体 …… 82
5.4.4 FTOPSIS 方案排序 …… 82
5.4.5 敏感性分析 …… 84
5.5 基于 FTOPSIS 的汽车形态设计方案评价应用 …… 85
5.6 本章小结 …… 91
第 6 章 人机产品创新设计与评价完整集成模型创建与应用 …… 92
6.1 完整集成模型 E/QFD/TRIZ/FTOPSIS 创建 …… 92
6.2 四阶段式人机产品创新与评价完整过程分析 …… 94
6.2.1 人机用户需求优先度评价 …… 94
6.2.2 人机创新设计关键定位 …… 95
6.2.3 人机创新设计方案产生 …… 95
6.2.4 人机设计方案评价 …… 96
6.3 E/QFD/TRIZ/FTOPSIS 完整集成模型在烟机灶具创新中的应用 …… 96
6.3.1 厨房烹饪工作中的危害 …… 96
6.3.2 基于 E/QFD/TRIZ/FTOPSIS 的烟机灶具创新过程 …… 97
6.4 本章小结 …… 110
研究工作总结与展望 …… 112
致　谢 …… 115
参考文献 …… 116
附录 …… 130
附录 A 汽车外观形态 24 项评价属性公信度评测 …… 130
附录 B 厨房烟机灶具用户需求重要度问卷调查 …… 131

第1章 设计前期相关设计理论与方法

在日益激烈的全球化市场竞争中，创新是企业产品占领市场、获取生存、赢得利润的核心武器。与发达国家相比，目前中国企业产品创新设计已取得一定成果，但仍存在一些问题，主要表现在：创新过程所涉及的科学与技术领域知识愈来愈多，增加了创新的复杂性与周期性；企业对多样化与个性化用户需求增长的响应能力差，用户需求获取的完整性与准确性缺少客观的分析方法，无法最大限度满足用户需求，影响设计质量；针对同一设计目标问题，可能会产生多种不同的设计方案，产品方案的形成是一个不确定的、复杂的、多解的创造性过程，方案评价与优选的精确性与客观性无法保障。因此，面对激烈的市场竞争与多样化的市场需求，企业只有依靠先进的理论与方法指导产品创新开发，在创新的周期、设计质量、评价等多方面形成优势，才能具有更强的全球化市场竞争力。设计阶段的产品创新设计与评价是一项复杂的创造性活动，科学准确的设计理论与方法可以有效指导产品设计过程，是产品成功开发的重要前提。虽然创新设计与评价方法历经多年的研究与发展，并且在企业产品开发与创新设计实践中得到广泛应用，但其本身仍存在许多有待解决的理论与实践问题。德国工程师协会（VDI）的统计显示，产品生命周期成本的70%是由产品设计阶段最早的10%的环节所决定的[1]。设计阶段是产品创新设计与评价的首要阶段，对产品开发过程的影响至关重要。因此，本研究针对设计阶段的产品创新设计与评价开发使用了快速且科学有效的技术方法，希望能够从方法论本质上与设计过程实践中提升产品创新与评价的效率和质量，以快速响应来满足多样化、时代化的用户市场需求。

另外，用户使用设计不当的产品、重复损害健康的作业方法、与危害健康的不良工作环境接触，诸如振动、噪音、异常温度、有毒气体等，均会对人体造成危害，甚至引发人体肌肉骨骼病变、职业病及工伤事故。近十年来该现象呈现反弹趋势。中国受到危害用户人群居于世界首位，每年产生直接经济损失达1 000亿元，间接经济损失2 000亿元[2]。依据美国国家卫生安全研究院估计，美国每年人体肌肉骨骼相关的伤害损失约130亿～200亿美元，占所有劳安补偿费用的1/3。美国劳工统计局数据显示，由肌肉骨骼或软组织的疼痛、失常、受伤等引起的劳工工时损失占52.5%，累积性伤害占所有职业病的65%[3]。人体肌肉骨骼病变、职业病及工伤事故的发生与有害设计因素、生物因素、化学因素及物理因素密切相关。其中，有害设计因素指不良的产品设计形态、材质、结构、界面、色彩、操作按键及作业姿势等。例如，长期电脑作业导致的疲劳、肌肉疼痛、骨骼伤害、腕管综合征、颈椎病，长期使用电锤、电钻引发的职业性手臂振动症等。有害生物因素指细菌、病毒、寄生虫等，例如医疗人员可能与病人或医疗废弃物接触而感染等。有害化学因素指气态、液态、固态污染物，窒息性、过敏性、神经毒性、致癌性物质。例如，以油烟、花粉、棉尘及工业粉尘为过敏原引发的呼吸系统不适症。有害物理因素指异常的温度、湿度、气压，照明或采光不足，游离或非游离辐射，噪音或振动。例如，热痉挛、中暑等急性生理影响。

人机工程学(Ergonomics，E)理论，能够提供科学的原理与方法，可以有效改善生产、生活与工作环境，为设计师与工程师进行产品创新提供人机设计方向。良好的人机产品为各项生产、生活及工作提供更加安全、高效、易学、易用、舒适、高情感的使用方式，可以引导用户养成正确的操作行为与习惯，降低因设计与操作不当所引发的各种生理与心理负荷，减少人体肌肉骨骼病变、职业病及工伤事故的发生。目前，在全球化市场竞争中，在追求产品基本功能、质量的同时，产品的安全性、舒适性、易用性、高效性、审美性、愉悦性、环保性等人机设计特性越来越受到用户的重视。因此，本研究试图将E理论引入产品设计方法过程中，针对创新的本质、规律、思路、方法和工具，探究人机产品创新设计与评价的模型、方法、理论与关键技术，期望大大改善产品设计质量，减少设计失误，缩短设计时间，降低设计成本，提高产品竞争力与用户满意度。通过对人机产品的准确开发与合理使用，可以有效预防与减少因设计、生物、化学、物理等因素引起的人体危害，提高用户各项生活、生产劳动或工作的质量形成用户、产品与环境的共生系统。

1.1 人机产品设计理论

1.1.1 人机工程学

1857年，波兰学者Jastrzebowski提出“Ergonomics”一词，该词是由希腊词根“ergon”(即工作、劳动)和“nomics”(即规律、规则)组合而成，基本含义是“工作的规律或法则”。人机工程学(Ergonomics，E)起源于欧洲，形成发展于美国、日本。它是研究系统中人、机(产品)、环境三大要素交互关系的一门学科。运用 E 理论相关原则、方法和数据进行设计,可以优化系统中产品操作工效、人的舒适与安全及与环境的协调共生关系。

关于 E 理论的定义如下[4]:

Wood 认为:E 研究的是设备设计必须适合人的各方面因素,从而在操作中付出最小力量而获得最大效率的科学。

Woodson 认为:E 研究的是如何获得作业与工作时的高效率、安全性、舒适性,即研究人与产品的相互关联性。

人机应用心理学专家 Chapanises 认为:E 是在机械设计中,考虑如何使人操作简便又准确的学科。

国际人机工程学学会对 E 的定义为:分析与研究人、机与环境的相互作用,以及人在工作与生活中如何提高工作效率、确保人的健康与安全等问题的科学。

综上所述,E 是一门研究人在使用产品、机器或机械作业、人机工作环境中如何解决人体健康问题、保障作业安全及提高作业效率的科学,涉及设计学、生理解剖学、人体测量学、心理学、安全科学、环境科学、管理学、工程学等多学科理论体系。E 理论主要被用来解决用户在产品使用过程中的安全、舒适和身心健康问题,产品运行过程中的效能、可靠性和生产率问题,人与产品所构建的工作环境协调与匹配问题及对外界环境的保护问题。人机产品是基于 E 理论设计开发的、能够提供给用户安全、舒适、高效、高情感、美观且易学易用的产品。例如,可穿戴助力机械手(如图 1.1)、辅助蹲起助力器(如图 1.2)、脑控感知按摩椅(如图 1.3)、颈椎康复按摩仪(如图 1.4),在保证功能的前提下,从人的生理尺度、心理认知、行为方式等角度,体现良好的穿戴舒适性、操作简易性、使用安全性,并同时兼具美观度。

1.1.2　E 理论应用范围

国内外相关文献显示,E 理论研究应用于作业、产品、工业系统以及周边环境的设计与改善,并逐步形成以下研究方向:

(1) 驾驶安全与驾驶仿真测试。该方向主要涉及研究、干预与测试驾驶人员的各种认知度与行为能力,汽车安全装置有效性评价,驾驶仿真测试技术与理论,以及道路安全管理等[5]。随着对用户、产品、环境的进一步认识,以及对人的能力与限制的研究,在航空飞行器安全设计、汽车安全与舒适性设计等方面,E 理论的应用已成为设计是否成功的决定因素,且逐步进入安全实用阶段研究。

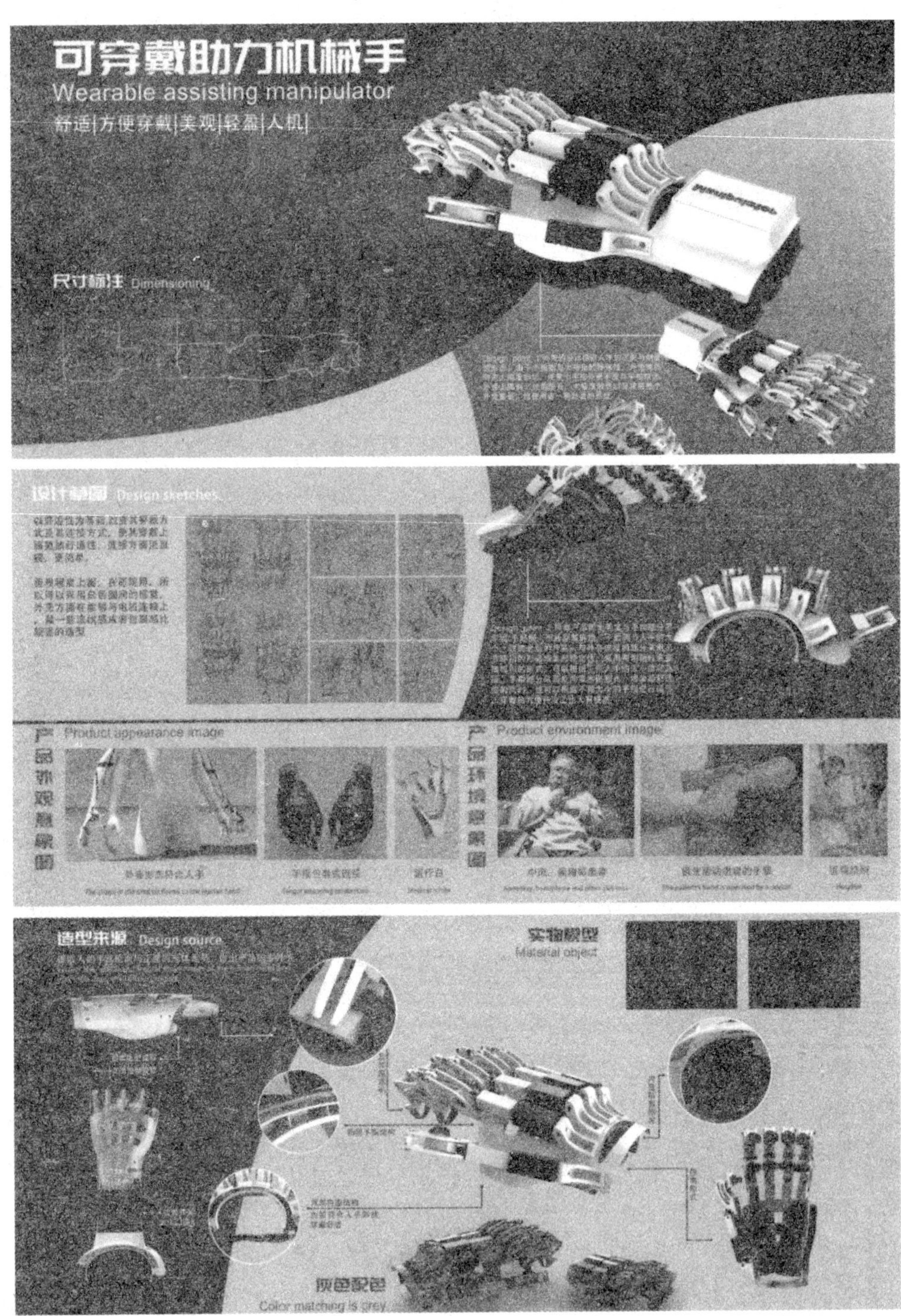

图 1.1　可穿戴助力机械手

图 1.2　辅助蹲起助力器

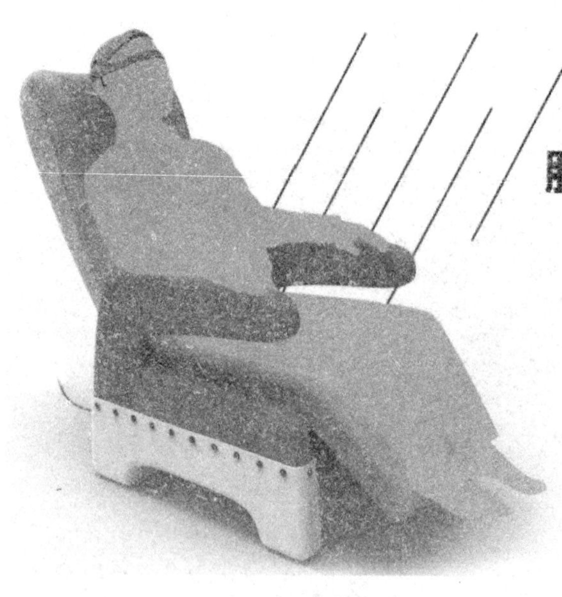

脑控感知按摩椅
×
LIHIGH-Y

人在不同的状态下会发出不同的脑电信号，通过脑电模块收集这些信号，针对目前人体的状态来改变按摩椅的按摩力度/座椅的角度/震动的强度以及热量的高低，同时也能通过语音来对按摩椅进行控制，让人更放松。

产品说明 Product Display

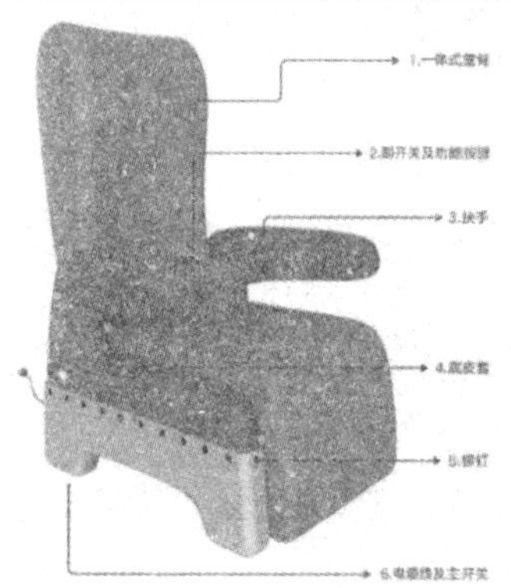

■ 按摩椅动态展示

■ 设计说明

按摩椅可以灵活的改变靠背和脚靠的角度，用来满足用户不同的需求；设有震动和加热的功能，以更多地功能方式来使身体达到舒适的需求；设计之初想要减少按摩椅的占用空间，并且不止在需要按摩的时候使用，所以在不使用的时候可以当作普通的沙发椅使用。

■ 材质使用

1:布网（R:149 G:188 B:197）
2:黑色硬质塑料基座和白色橡胶按键
3:布网（R:161 G:111 B:188）
4:白色皮革
5.不锈钢铆钉表面黑色喷漆
6:按键为硬质塑料，表面磨砂处理

■ 细节展示

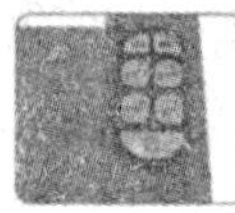
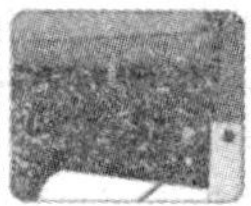

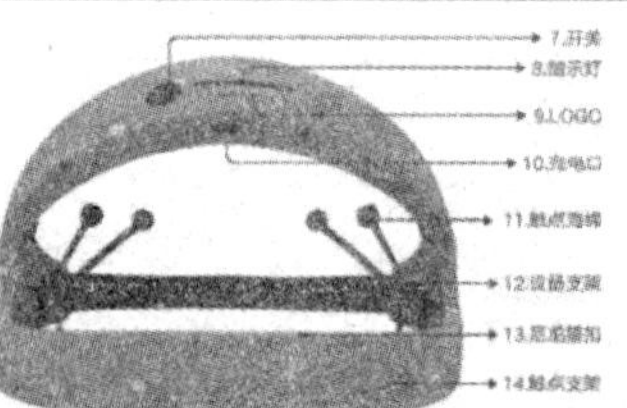

■ 设计说明

此设备可以接收人在舒适/疲劳时的脑电信号，将此信号通过蓝牙传输至按摩椅，使按摩椅作出相应的模式改变，借此设备使按摩椅更加智能化。

■ 使用示意图

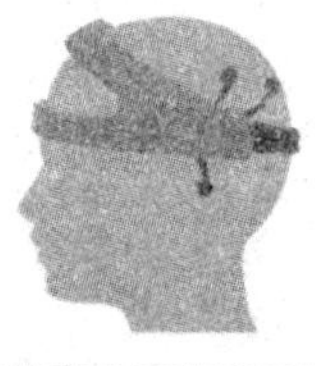

■ 细节展示

■ 材质使用

7:黑色硬质塑料，表面磨砂处理
8:透明亚克力，表面磨砂处理
9:[illegible]
11:黑色海绵
12:具有弹性的布网（R:173 g:178b:183）
14:表面光滑的黑色硬质塑料

■ 尺寸三视图

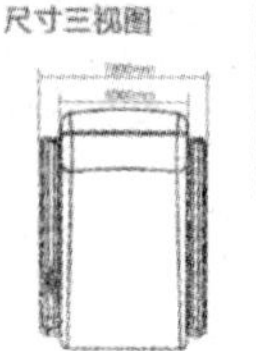
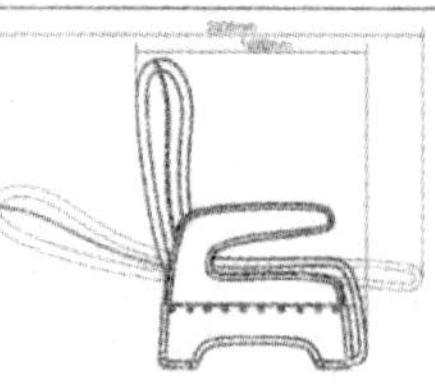
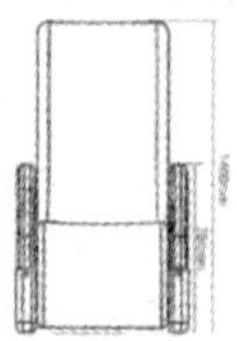
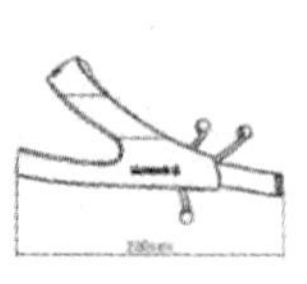
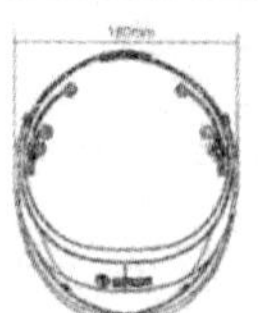
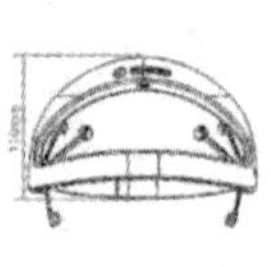

图 1.3 脑控感知按摩椅

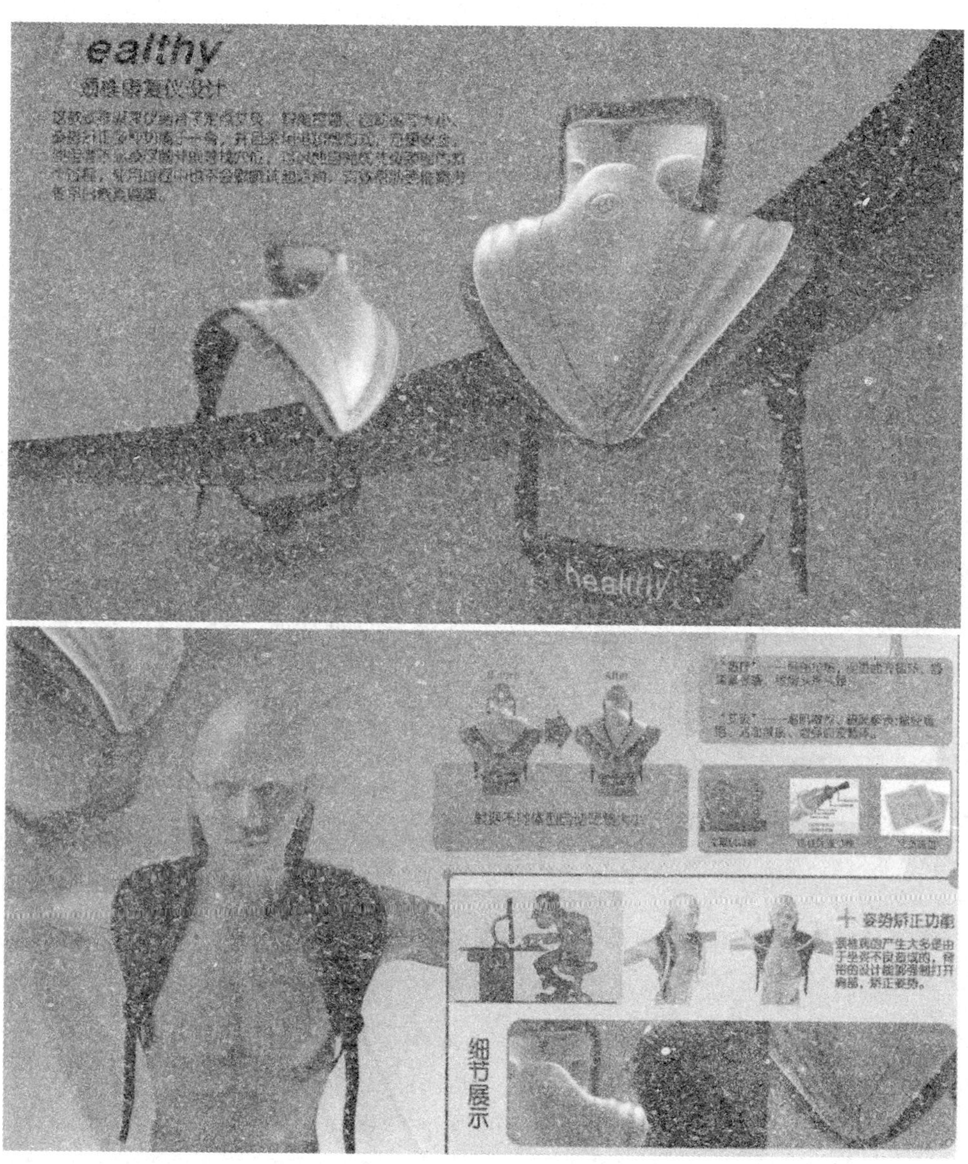
ealthy
颈椎康复仪设计
healthy
姿势矫正功
颈椎病的产生大多是由于坐姿不良造成的，背带的设计能够强制打开胸部，矫正姿势。
细节展示

图1.4　颈椎康复按摩仪

(2) 人体运动跟踪与仿真。该方向涉及作业动作的运动跟踪，综合考虑人、机(产品)、环境的交互作用，针对特定作业动作，构建相应的仿真环境，并在该虚拟环境下对特定的作业工作的动作进行跟踪研究[6]。

(3) 人体测量与生物力学。该方向包括人体全身及各部位的三维数字化扫描和数据处理，人体形状分析，基于人体测量数据的型号划分和虚拟人体模型构建，基于人体测量数据和模型进行产品适配设计，相关软件工具的开发，产品适配性的模拟分析和验证，人体姿态的实时连续测量与职业安全风险评估，人体姿态的预测，职业生物力学模型和分析，基于生物力学的作业优化等[7]。例如，Laios 等[8]运用人体测量数据、计算机虚拟模型技术、主成分分析法针对 7～14 岁的青少年进行自行车创新设计，提出了适合该阶段青少年的自行车大小尺寸的选择方法。

(4) 体力负荷与疲劳。该方向针对作业人员的体力作业，通过问卷、实验设计与实施、仿真建模分析，研究并改善作业人员的劳动强度与疲劳程度，从而缓解疲劳[9]。例如，Jung 等[10]依据人的偏好与身体部位的不舒适性，对四个具有不同把手形态与位置的箱子模型进行最佳把手位置评估。结果显示，箱子本身大小与把手的相对位置、大小、操作条件均会导致不同的肌肉压力。另外，手持工具成为工作与生产系统的重要产品。Motamedzade 等[11]对地毯编织中所用到的编织梳、编织刀及编织剪，Li[12]对接线器，Päivinen 与 Heinimaa [13]对斧头，Young-Corbet 等 [14]对墙体打磨工具，Wood 与 Buckle [15]对地面抛光器、拖把与吸尘器，Jung 与 Hallbeck [16]对夹具手柄设计，从手持工具使用的可用性、操作姿势、肌肉负荷、安全性等方面进行人机设计与评价。研究结果显示，在手持工具类产品中运用 E 理论知识与方法开发良好的人机产品设计与正确的作业姿势，可以有效提高人机产品使用的高效性、舒适性、安全性、易用性，并能减少上肢肌肉骨骼累积性伤害造成的人体关节、韧带、软组织的病变与疼痛。

(5) 人机办公或工作环境。该方向基于生理学、人体体能和极限性等基本原理，为白领与蓝领群体设计适合其办公或工作的环境，从而减少或防止不良的办公环境设计引发的腕管综合征、慢性背痛、颈椎病、视觉疲劳、听力损伤等一系列难以挽回的伤害[17]。例如，在电脑操作人员中，不良的颈部与肩部作业姿势会导致颈部与肩部的疼痛。Szeto 等[18]针对有疼痛症状与无疼痛症状的两组电脑操作人员设定实验研究，对比不同的颈部与肩部作业姿势，研究结果显示有疼痛趋势的人员均具有较大幅度的头部倾斜与颈部弯曲和前伸姿势。

(6) 人机管理与组织。该方向利用 E 理论与管理学，借助系统性实验分析，将人、机(产品)与环境作为统一对象，解决人机管理与组织的工效问题[19]。

(7) 人机交互的可用性与用户体验。该方向强调优化用户与产品或环境之间的交互关系[20]。人机产品设计与用户情感体验研究,以及基于计算机辅助设计人机交互等[21]。例如,Wellings 等[22]针对豪华轿车的整体开关按钮进行人机界面交互评价。通过因子分析法将来自感官认知方面的开关按钮特性转化成形态、品质、灵敏度三个独立变量,并将现有的用户体验理论模型用于汽车的人机界面设计。

(8) 设计标准与指南。该方向的研究主要包括通用原理,如《人机工程设计标准》《工作系统设计的人类工效学原则》《人机工程术语标准研究》等;针对网站的用户界面与移动终端设备的设计标准及面向各类软件、办公环境的设计指南[23]。

随着科学技术与计算机软硬件的不断发展,计算机图形学、计算机辅助设计、高端人体生理与心理反馈实验技术与设备、虚拟现实、人工智能、三维人体测量技术等促使 E 理论与方法发生了质的飞跃,计算机辅助人机设计表现出越来越显著的作用。随着对人、机(产品)、环境的进一步认识,以及对人的能力和限制的研究,E 理论逐步趋于安全实用阶段研究,特别是在人机产品设计方面。目前,人机产品已从生产领域扩展到了日用生活领域,例如减少上肢肌肉累积性伤害的手持工具、预防腕管综合征的鼠标、家用智能型自动清扫机器人、高效能环保静音吸尘器、自平衡车及汽车仪表盘操作人机交互安全系统等,并且在诸如老人、儿童、孕妇、残疾人等的特殊人群领域,已开发出众多设计优良的人机产品[24-26]。E 理论已成为设计是否成功的关键指导因素。如何通过 E 理论进行人机产品的设计创新,提升生产力与生活水平,解决工作与生活中的不利于人的因素,是目前设计界面临的研究课题。已有研究是针对特定产品的人机设计与分析,本研究试图研究 E 理论一般性设计原则、设计方法与具体应用。另外,随着社会进步与用户需求的提升,单一方法在解决实际问题上的作用逐渐衰减,故提出 E 理论与多种创新方法的综合应用。

1.2　设计集成理论

1.2.1　QFD 方法

质量功能展开 (Quality Function Deployment,QFD) 由日本的质量专家水野滋和赤尾洋二博士[27]于 20 世纪 60 年代提出,是一种基于顾客需求驱动的产品开发方法。其方法论的核心思想是通过系统化、规范化的市场调查方法获取顾客需求,并采用矩阵图解法将顾客需求的实现过程转化分解到产品开发的每个阶段,即产品规划、零部件配置、工艺规划及制造环节。通过协调各阶段与相关部门的工作以确保最终产品质量,使得最终设计和制造的产品能够满足顾客的需求。因此,

QFD是为满足顾客需求、提高产品质量、赢得市场竞争而形成的一种有效的产品开发和质量保证技术方法。

1972年，QFD被成功应用于日本三菱重工神户造船厂的船舶设计与制造过程。日本丰田公司于20世纪70年代后期利用QFD取得巨大经济效益，促使新产品开发的启动成本降低了61%，开发周期缩短了33%，并且提升了产品质量[28]。80年代初期，QFD开始传入美国，美国供应商协会（American Supplier Institute，ASI）和劳伦斯成长机会联盟/质量生产力中心（Growth Opportunity Alliance of Lawrence/Quality Productivity Centre，GOAL/QPC）这两家培训组织对QFD的研究与应用起到巨大的推动作用，培训出大量的QFD人员。1985年，福特公司运用QFD方法成功开发出Taurus车型，畅销不衰。通用、麦道、惠普、波音、克莱斯勒等知名企业均充分利用QFD技术。该技术方法已经广泛应用于飞机制造、汽车、家用电器、农业机械、船舶、自动购货系统等美国制造业的各个领域[29]。同时，QFD方法也被欧洲制造业应用，因此在国际范围内得到学术界与工业界的广泛研究与重视。至今，QFD的应用领域不再局限于最初的制造领域，已经被广泛地应用于服务业、软件业、教育业、医疗卫生业等非制造领域。QFD技术能够被国际诸多知名企业所接受，缘于其在新产品开发和老产品改进过程中，或在企业的战略规划、管理环节及设计质量控制方面发挥了重要作用。统计结果表明，正确实施QFD可以促使设计变更减少30%～50%，产品开发启动费用减少20%～60%，产品研发周期缩短30%～50%，保单索赔减少20%～50%[30]。

国内在20世纪90年代初期引入QFD技术，应用于航天业、军工业以及核工业，但驻足于理论研究层面，没能得到更广泛的推广。近几年，国家863科技计划与自然科学基金均资助了基于QFD方法的相关研究课题。研究人员结合国情针对产品创新与改进、软件开发、教育质量评估以及管理服务等领域进行案例研究与实践。QFD日益显现出其重大的理论和实用价值，成为21世纪企业实施以用户满意为导向的全面质量战略的强有力创新工具。

另外，国内外研究人员针对传统QFD方法做了诸多改进与实践应用研究。如QFD的简化研究、结构改进研究、用户需求及权重的确定方法研究、技术特征值的优化配置研究、模糊QFD研究、QFD与其他方法集成应用研究等。熊伟等[31]提出基于QFD与粗糙集理论的产品概念产生与评价过程方法。依据QFD质量屋产生以用户为中心的产品概念，通过粗糙集理论评价产品概念。Marsot[32]提出设计阶段基于人机工程学的QFD设计方法，并应用于剔骨刀的设计开发中。该方法强调设计中对于人机工程学的考量。Kuijt-Evers等[33]以螺丝刀设计为例，通过系统化用户研究，依据 QFD 构建有效准确的用户需求与工程特性关系，有利于设计人员设计舒适性的人机手持工具。Lo 等[34]提出基于三维形态图表的一阶段式 QFD 创新设计方法，并开发了计算机辅助设计系统实现具体概念方案。实验对比了设计人员应用该方法与未采用该方法进行鼠标创新设计的具体情况，研究显示采用该方法可以提高创新的效率。

1.2.2　TRIZ 理论

TRIZ(Teoriya Resheniya Izobreatatelskikh Zadatch)是苏联发明家 Altshuller 在对 250 万件专利分析研究的基础上，总结出来的创造活动所遵循的科学而客观的创新原理，他创立了解决技术问题和实现创新开发的理论体系。目前，研究 TRIZ 的培训部门、学术机关、大中型商业公司不断增多，国内外学术界关于 TRIZ 的学术会议频繁召开，其正处于加速发展的过程中。

TRIZ 理论从 1946 年提出至今，在西方市场经济高度发达的环境中，受到质量工程界、管理人员与产品研发人员的高度重视。三星集团、摩托罗拉公司、通用电气公司等应用 TRIZ 理论进行产品与技术的创新研发并取得了立竿见影的效果。该理论在工程界应用的同时，学术界对 TRIZ 理论的研究主要集中于对其的改进以及与其他设计方法的比较与集成研究，目前已取得了诸多学术成果，为 TRIZ 的发展增添了力量。

TRIZ 理论作为一种包含科学思维、科学方法和科学工具的创新方法，成为诸多学者研究的重点，特别是在应用 TRIZ 实施产品创新以及 TRIZ 分别与公理化设计(Axiomatic Design，AD)、QFD、约束理论(Theory of Constraints，TOC)、E 理论、专利研究及仿生学等多种创新方法的结合方面。张卫国等[35]运用 TRIZ 解决了新型布料系统的总体方案设计问题，实现了复杂机电产品的快速创新。刘志峰等[36]将 TRIZ 与实例推理方法集成，研究了基于 TRIZ 与实例推理原理的绿色创新设计方法，并以该方法为指导开发了可用于产品绿色创新设计的支持工具。冷崇杰等[37,38]认为 TRIZ 理论为解决机电产品设计冲突、优化其结构提供了一个有效工具，并结合滚筒洗衣机实例，以 TRIZ 进化理论为指导，应用产品技术成熟度预测方法对滚筒洗衣机发展进行了决策和预测。何川等[39]利用 TRIZ 理论消解了产品概念设计阶段的冲突，提出了产品创新设计方案。刘晓敏与檀润华[40]集成了 TRIZ 与 TOC 理论，提出在解决产品设计冲突问题时提出利用所构建的产品当前实现树与 TRIZ 矛盾冲突矩阵表。张莎莎[41]以有效解决塔式起重机人机设计中所遇到的技术难题和所存在的设计缺陷为最终目的，将 TRIZ 与 E 理论结合，创建了过程模型与方法，并将其中的技术冲突模型、物理冲突模型及物一场模型等工具应用到塔式起重机的人机设计中，解决了所遇到的技术难题。Pelt 与 Hey[42]将以人为本的设计方法融入 TRIZ 理论进行消费类产品开发，提出产品用途、产品可用性、产品意义三方面构架，通过 TRIZ 方法进行产品用途与可用性的创新，依据以人为本的设计方法指导产品深层意义的开发。Wits 与 Vaneker 等[43]运用功能-行为-结构(Function-Behavior-Structure，FBS)模型描述电子产品模块化结构与界面，并运用 TRIZ 技术尝试性解决电子产品界面设计矛盾，开发了基于 TRIZ 技术与 FBS 模型的产品界面矛盾解决策略方法。Li 与 Huang 等[44]应用 TRIZ 理论中的矛盾矩阵与 40 项发明原理进行接线器的创新设计。

TRIZ 是一个强大的创新工具库，与传统创新思维方法相比，TRIZ 采用逻辑思维与系统化的方法，以工程技术的发展规律为背景寻求创新问题的解决过程，即以技术系统为主体，重点研究技术创新的规律，强调消除技术系统进化的矛盾，侧重于创新问题求解。由于 TRIZ 是创新问题解决的结构化方法，因此对设计师知识和经验的依赖性降低，其寻求创新解的方向更加明确。

1.2.3 QFD、TRIZ 与其他设计理论集成趋势

近年来，QFD 与 TRIZ 集成设计方法及应用可以有效指导产品设计开发，实现科学的创新，实现产品创新设计概念的形成，逐渐成为研究热点。

任朝晖等[45]将传统的质量屋理论与方法运用模糊扩展原理扩展到模糊领域中，实现在模糊环境下有意义地决策，并提出产品规划质量屋模糊建模及顾客需求模糊合成的算法。Melgoza 等[46]在医疗设备创新方面，利用 QFD 与 TRIZ 方法，解决了在气管支架设计中的几何与材料物理矛盾，进行了满足病人需求的气管支架设计。Vezzetti 等[47]在产品生命周期管理过程中将 QFD 与 TRIZ 结合，并在垃圾处理问题的案例研究中验证了方法的可行性。Yeh 等[48]结合四阶段式 QFD、TRIZ 发明原理与矛盾矩阵及生态效率要素开发了面向笔记本电脑的绿色设计方法。赵新军[49]提出利用 QFD、TRIZ 和田口方法的集成应用进行设计质量创新。Deng 等[50]分析了 AD、QFD、TRIZ 及田口方法四种理论方法的优点及缺陷，提出了 AD-QFD-TRIZ 与田口方法的集成模型并将其成功运用于压缩收割机的设计。马怀宇与孟明辰[51]将 QFD、功能分析和 TRIZ 相结合，提出概念设计过程的集成模型，对从设计需求分析到设计方案提出全过程进行规范处理，并利用简单纺纱机构论证了所构建模型与方法的可行性。马彦辉与何桢[52]将 QFD、TRIZ 与 DOE(Design of Experiment)结合，提出基于 QFD/TRIZ/DOE 集成框架的 6σ 设计研究。邵云

飞等[53]从系统的视角,构建了基于 6σ、QFD 与 TRIZ 集成的产品创新设计方法及流程,其中包括基于 6σ 的创新流程控制过程、基于 QFD 的参数分析过程以及基于 TRIZ 的问题解决过程,并应用于手机部件的创新。纪国华等[54]以 QFD 分析得出的各种参数特性为基础,以 TRIZ 理论为各种冲突的解决工具,利用 CAPP(Computer Aided Process Planning)提高工艺编制效率与质量,借助 DOE 优化参数组合,提出四种方法论集成的产品创新设计全过程的辅助模型。徐晓亮[55]提出将人机工程设计与 QFD 结合应用到产品设计流程中,分析设计过程存在的人机问题,再借助 TRIZ 来解决相关人机问题。尚志武等[56]提出了面向成本的基于 QFD、VE(Value Engineering)与 TRIZ 三者集成理论的新产品研究开发系统 QVTS,有利于实现产品设计方案的技术经济综合优化、降低产品成本和提高产品竞争力。韩光平等[57]提出基于 QFD/TRIZ/FUZZY 集成技术,创建了用户需求与设计需求之间的关系,利用产品创新设计方法解决设计中的技术矛盾,得到创新问题的最优原理解,应用模糊层次分析法对各原理解进行评价,得到最优设计方案,通过微摩擦测试仪力传感器设计验证了该集成方法的可行性。韩欣廷[58]针对智能型手机功能设计创新问题,提出 QFD、TRIZ 及 ANP(Analytic Network Process)集成的创新概念发展评选流程模式,为研发人员提供了决策参考。侯智等[59]提出 QFD、TRIZ 和稳健设计集成来解决产品开发过程中的问题,并建立了三者基于 AutoCAD 软件平台集成的体系结构。刘克等[60]提出了面向机电产品开发的 QFD/TRIZ/FCE(Fuzzy Comprehensive Evaluation)集成模型,用于微波干燥设备的传动机构开发,有效解决了设备传动中存在的问题,并开发了一种新型板式链。

以上文献研究表明,基于 QFD 与 TRIZ 结合的多种集成设计方法实现了"做什么"与"怎么做"的功能互补。在面向人机产品创新设计方面,合肥工业大学的徐晓亮提出一种基于 QFD 与 TRIZ 的人机工程设计方法,并应用于电热保鲜盒的创新设计中。但该方法只是将人机需求引入用户需求,在准确的用户需求获取与识别方法上并没有作深入探讨。利用 TRIZ 解决了设计过程中出现的人机问题,但是并没有构建出具体的方法模型。另外,针对创新概念通常会有多种设计方案,在研究中仅提出关于电热保鲜盒的一种创新方案,并未涉及关于方案的评价与优选问题。因此,本研究试图在 QFD 与 TRIZ 相结合的创新方法基础上,集成 E 理论与设计方案评价,探究设计阶段完整的人机产品创新设计和评价集成方法与过程。

1.3 设计方案评价方法

1.3.1 产品设计方案评价方法

随着现代科学理论的发展与美国西蒙现代决策理论的提出，逐渐形成了现代科学评价理论体系，目前已出现诸多被广泛应用的评价方法。

(1) 多属性决策评价方法(Multiple Attribute Decision Making，MADM)。该方法是目前应用最广泛、实用性最强的方法。方法实施过程为：给定一组备选方案，对于每个方案，均需要对若干个属性进行综合评价，从该组备选方案中寻找一个评价者认为最满意的方案，或者通过综合评价对该组方案进行排序，评价者的决策结果由排序结果直接反馈。简单加权法、层次分析法、TOPSIS 法、ELECTRE 法、PROMETHEE 法等是具有代表性的评价方法。其中，简单加权法是基于多属性效用理论建立的一种最常见的方法，选择的依据以属性值(或效用)的加权而进行。层次分析法是将复杂问题分解为若干个组成因素，又将这些因素按照一定的支配关系构建成递进层次结构，同一层次中各因素的重要性依据成对比较的形式确定，最终通过整合决策者的判断，使得备选方案相对重要性的总排序得以确立[61]。1981 年 Hwang 提出 TOPSIS 法，该方法首先将多属性决策问题的决策矩阵进行规范处理，然后通过计算求出每一个方案分别与正、负理想点之间的加权距离，最优方案是离正理想点最近，同时离负理想点最远的方案[62]。ELECTRE 法由 Benoyown 等于 1969 年提出后逐步加以完善。该方法利用了超序关系概念，即当方案一和方案二没有明显的优劣之分时，决策者以一定的风险程度认为方案一优于方案二，通过一系列的超序关系评估，就可去掉超序关系意义下的劣方案[63]。PROMETHEE 法是 Brans 等[64]于 1984 年提出的，可以避免一些评估方法中无量纲化处理导致的信息丢失或扭曲，同时对部分指标提出以模糊逻辑进行修正。该方法与 ELECTRE 法的相似之处在于方案排序确立都是利用超序关系，超序关系是运用扩展属性的概念来构造的，因此方案集上的偏序和全序关系能够比较便捷地确定。徐克龙[65]将一定风险程度建立超序关系的思想引入风险决策中，提出了基于 ELECTRE 法的风险决策方法，并对求得的偏序结构进行了分析，通过实例证明该方法简单可行。Shidpour 等[66]将 TOPSIS 法运用于多目标线性规划模型中，进行产品方案设计评价、装配过程与供应商的选择。王体春等[67]创建了基于区间信息量的多属性优选模型，在设计方案优选过程中，综合评价最优方案借助比较区间信息量的大小确立，并以大型水轮机选型方案设计为例论证该模型的有效性和可操作性。Chamodrakas 等[68]提出基于 TOPSIS 的多属性决策评价方法进行仿真研究。Pei[69]介绍了简化模糊多属性决策的理论和技术问题，避免产生很大的成本，尤其是生产线的评估过程。Maniya 等[70]针对设施布局设计方案选择问题提出基于偏好选择指标的多属性评价方法。Cicek 等[71]在多属性评价环境中开发了材料方案选择问题的选择接口模型，改进的模糊公理化设计模型选择接口被成功应用于不同材料的多属性评价中。

（2）模糊评价法。该方法将定性评价运用模糊理论（Fuzzy Theory，FT）转化为定量评价，对受到诸多因素制约的对象或事物采用模糊数学做出相对整体的评价。1965 年，美国加利福尼亚大学著名的自动控制专家 Zadeh 教授提出了用模糊集的概念表达事物或对象的不确定性。目前，其他多种评价理论与 FT 相结合，构成了模糊综合评价理论，成为诸多交叉学科例如设计学、运筹学、决策科学、模糊系统理论、管理科学等的研究方法。在多属性评价中，若属性权重或指标值被表达为模糊语言、模糊数等不确定性数据时，该类决策问题被视为模糊多属性决策问题。古莹奎与杨振宇[72]构建了面向概念设计方案评估的模糊多准则决策数学模型。该模型方法的常规层次分析法中的标度由三角模糊数替代，针对评价体系中各级评价准则的权重开发了一种模糊层次分析方法来确定，使得产品开发过程存在的风险性与多领域专家的诸多意见被充分考虑。Lin 等[73]认为产品外观的评价具有很强的主观判断性与模糊性，依据模糊集与模糊熵从 6 项外观价值指标类型对 3 款 MP3 播放器外观进行客观量的评价，最终获取最优设计。Liu[74]将模糊质量功能展开方法与产品方案选择模型集成，并运用模糊多属性决策方法选择最优产品设计方案。Chen 与 Chu[75]认为通常用户在选择产品时，是基于对产品价格、质量与功能的考虑，然而主观与情感驱动的感知价值同样也会影响决策。通过大量调研与因子分析方法，抽取了四项情感认知方面的购买决策指标，并结合 FT 与层次分析法开发了产品方案情感认知方面的评价算法。Augustine 等[76]通过轮毂方案设计案例论证了一种基于模糊逻辑的概念评价与收敛过程。Ghadimi 等[77]依据加权模糊评价法确定产品部件的可持续性水平，该方法应用于汽车部件可持续性评价。研究结果显示一个简单的替代产品材料会推进制造商可持续性产品生产，最终实现可持续制造目标。Chou[78]提出运用语言变量与模糊加权平均法进行计算器与订书机的方案决策。Wang 与 Chen[79]提出了基于 QFD 与模糊德尔菲法集成的模糊多属性决策方法，其支持企业产品协同设计与方案模型的优化选择。Wu[80]依据模糊质量屋方法提供可测量的产品设计工程信息，并且构建模糊支持向量回归机实现数据融合与产品设计时间的估计，模糊综合评价的结构被简化。因此，模糊综合评价方法可以将非量化与不确定信息进行量化处理，适合解决模糊且难以量化的问题。

(3) 可拓评价法。该方法由蔡文于1983年创立，主要针对不相容问题的转化规律与解决方法，描述矛盾问题以物元为基元建立模型。同时，解决矛盾问题以物元变换作为手段，并且在可拓集合中，对事物的量变和质变过程构建关联函数进行定量描述[81]。利用可拓评价进行事物的综合水平评价时，借助可拓学工具，根据构建多指标参数的评价模型综合反映水平。目前可拓理论在信息技术、人工智能、管理与经济、控制与检测等领域中得到初步推广与应用[82]。马辉等[83]提出了面向大批量定制的产品可拓设计思想。采用物元理论对大批量定制产品模型进行重构，通过拓展与物元变换实现产品变型设计，最终实现对产品的优度评价。阎树田等[84]在基于物元模型的产品可拓模块化设计的基础上，提出用功能物元系统描述模块。在模块配置环节引入可拓评价方法，应用此法从主功能特征相同或相似的多个模块中识别出与期望物元最接近的模块物元，提高了模块配置和变型设计的效率。罗百祥[85]提出基于可拓方法的产品绿色设计方案评估。胡宝清等[86]修正了可拓评价方法，在该方法的基础上构建了多级可拓评价模型。

(4) 灰色系统理论评价法。该方法由我国著名学者邓聚龙教授于1982年创立。灰色系统理论(Grey System Theory，GST)结合相关数学方法，将控制论、系统论、信息论的方法运用于社会、生态、经济等抽象系统[87]。目前该方法已经渗透到农业、工业、能源交通、社会经济、情报、金融等众多领域。庞庆华[88]将指标权重应用于灰关联，并基于灰色统计方法构建了测评矩阵，对人机界面进行了合理的评价与设计原则分析。Wang[89]认为在数控机床设计评价中，影响产品造型设计的参数权重可以依据灰色系统理论确定，产品形态与产品造型结构元件的映射关系可结合支持向量回归法构建，从而创建最优的数控机床造型设计。Tai等[90]运用灰色关联分析与层次分析法探究产品开发的核心与企业竞争力，通过构建灰色模型论证了评估核心技术与投资策略的可行性。Chan与Tong[91]采用灰色关联分析方法对各指标进行赋权，提出了一种针对材料选择的改进的多准则评价方法。

(5) 数据包络分析评价法。1978年，著名的运筹学家Charnes、Cooper与Rhodes提出数据包络分析(Data Envelopment Analysis，DEA)的方法。DEA评价是对已有决策单元绩效的比较评价，属于相对评价，常被用来评价部门间的相对有效性。它适用于多投入多产出的多目标决策单元的绩效评价。Yousefi与Hadi-Vencheh[92]提出基于数据包络分析模型的多属性决策技术并应用于汽车工业领域，研究结果显示安全与价格是用户在汽车选择中的重要指标。Chen等[93]利用来自美国EPA出版的汽车排放测试中的关键工程参数、产品属性和排放性能数据评价不同汽车制造商的可持续设计性能，并结合工业设计模型与生态设计模型开发了两阶段网状式数据包络分析模型进行可持续产品性能设计评价，论证了该创新评价模型方法是产品设计获取良好环境性能的最高效节能的方法。Geng等[94]提出在产品与产品服务整个系统源头信息的获取中运用数据包络分析来评价顾客需求的产品工程属性最终权重，其中包括与产品相关的工程属性及与服务相关的工程属性。刘英平等[95]开发出基于改进模糊数据包络分析的产品设计方案评价模型与求解算法。其研究认为产品设计方案评价中指标值具有模糊性、指标权重具有不完全性，提出将模糊数据包络分析引入评价过程，以改进在不完全权重信息处理方面存在的不足。柳顺与杜树新[96]提出基于数据包络分析的模糊综合评价方法。在该方法中，模糊评价中的专家评分由数据包络分析的优化结果替代，使得模糊综合评价更具客观性与准确性。针对综合评价体系中的量化指标，各评价单元的相对效率通过运用数据包络分析方法获得，模糊化计算相对效率，并与非量化指标综合进行模糊评价。

(6) 人工神经网络评价法。1943年，心理学家McCulloch和数理逻辑学家Pitts开创了人工神经网络(Artificial Neural Network，ANN)，建立了神经网络和数学模型，提出了神经元的形式化数学描述和网络结构方法。人工神经网络是由大量处理单元互联组成的非线性、自适应信息处理系统。它是在现代神经科学研究成果的基础上提出的，可以通过模拟大脑神经网络处理、记忆信息的方式进行方案信息处理。袁长峰等[97]以卷板机定制设计为例论证了一种基于粗糙集和多人工神经网络模型的产品敏捷定制设计方法。该方法运用人工神经网络技术，建立客户需求与产品结构间的选配关系，形成可以不断更新的多个人工神经网络模型。根据不同的客户需求，选取与之匹配的网络模型，快速确定合适的设计方案。赵川等[98]利用遗传算法的全局搜索能力强与神经网络的局部搜索能力强的特点，提出用遗传算法优化的神经网络对客户协同产品创新进行评价。Tang等[99]认为很难用传统数学方法描述用户对产品方案的感知，提出利用人工神经网络模型确立创新产品造型设计参数及其感知值。基于对32款手机方案调研开发了三层感知人工神经网络模型预测手机的款式感知值，同时结合遗传算法获得最优的手机设计方案。Tsai等[100]应用模糊神经网络理论与灰色理论进行电子门锁的概念设计与评价。利用模糊神经网络预测概念设计的整体形象，使用灰色聚类算法评估概念设计的色彩，应用模糊神经网络评价概念设计的形态。

综上所述，由于每种方法的体系与处理问题的侧重点不一致，选择不同的方法可能导致不同的评价结果。因而，对于诸多评价方法，在进行具体问题评价时，应依据评价事物或对象的自身特点，选择准确且合适的方法。

1.3.2 基于E理论的人机产品设计评价方法

目前关于人机产品设计的评价分为两个方面：

第一方面，基于生理学与心理学特性的实验测量评价方法。用户群体针对产品外观设计的评价可以借助心理效应的测量来评判。意见测量、记忆测量、认知测量等心理学原理与主观方法目前被推广并应用于产品开发与设计效果的评价环节[101]。意见测量通过访谈及问卷的形式进行测量。另外，还可以采用眼动追踪技术实施相对客观的评测。借助携带眼动仪设备进行眼动追踪，测量人的视觉反馈，属于一种基于视向的相对客观的心理评测方法。其可以记录人的视觉加工特征，在受到视觉刺激或观看事物时，利用眼部的注视时间、眼跳、注视次数、瞳孔膨胀次数、瞳孔直径变化等分析人的内心活动。当人对某一区域的注视次数多、注视时间长，并且瞳孔直径增加，表示此人对该区域的内容相对感兴趣。眼动追踪技术主要用于阅读认知测试、广告图形界面、网页界面、产品包装、驾驶舱设计、人机交互等领域[102]。刘颖[103]认为在视觉搜索过程中影响搜索时间的主要因素为目标项的位置，与菜单格式和长度并不明显关联。Fitts等[104]在驾驶舱设计的可用性研究中应用眼动追踪技术，观测了各个感兴趣区域凝视时间率、平均凝视时间、凝视数量率(凝视数/分钟)以及每个感兴趣区域之间的转换比例。由于眼动追踪技术以用户的视线运动为主要测量依据，利用眼动追踪评估观测界面元素的形状与色彩可见性、表征语意和界面的功能布局等，并可对产品创新提供客观的且可以相互比较与量化的评测标准，所以眼动追踪技术在视觉用户界面评价的有效性与客观性方面发挥极大作用。安顺钰[105]在可用性评价的指标体系中引入眼动数据，将眼动追踪应用于手机可用性评估中，设计了新的手机界面，结果证明手机可用性水平得到显著提高。付炜珍等[106]针对手机外观评价问题，通过比较主观问卷法与客观眼动测量法之间是否存在一致性，寻找产品外观设计视觉评价的有效指标。研究发现，手机外观设计的主观评定与眼动指标之间存在一致性。不同的主观评定等级分别与注视总时间、注视频次以及瞳孔变化存在明显相关性。被试者对于越感兴趣的手机，平均注视时间和注视总时间越长，注视频次也越多。说明利用眼动测量方法进行产品外观测评具有一定的可行性。

以人体的生理参数为指标、以人体负荷为中心的设计评价方法属于一种基于生物学反应的生理测量评价方法。该方法构建了人体与设计方案之间的联系，通过人体生理指标反应不同设计方案对人体负荷的影响，从而为设计方案的筛选提供测量依据。通常应用肌电信号、脑电信号、心电信号以及皮阻皮温、眼动、皮肤电流反应、鼓膜温度等人体生理信号进行人体生理数据测量[107]。依据肌电信号进行疲劳测试，主要是局部肌肉疲劳的测试；脑电信号可容易地判断负荷程度；心电信号对精神负荷及其反应更为敏感；皮阻皮温等信号测量人体疲劳程度与精神负荷。Tomatis等[108]探究了在使用轻型手持工具时肩部肌肉的活动情况，通过肩部肌肉肌电信号数据分析，获得能够进行持久性作业的上肢姿势。Cabec-as[109]提出了应变指数改进法，通过腕屈肌和伸曲肌电信号，分析了清洁工人的上肢肌肉紊乱职业风险与工具使用问题。Mirka等[110]针对不同形态手锯设定相同的作业任务，通过操作者上肢肌肉的肌电信号数据分析与处理，对多款手锯进行优劣评价，获得手锯设计属性，降低操作者的受伤风险。Galen等[111]提出一款垂直、分体式键盘设计构想，通过使用者打字速度、出错率及前臂肌电信号数据，验证了该键盘设计可减轻手部压力，易于掌控并且操作舒适。

第二方面，模糊综合评价方法。在人机产品设计中掺杂诸多感性因素，如舒适、美观、安全、易用等，在评价过程中均无法量化。引入模糊评价方法，将模糊信息量化后，实施人机设计属性的定量评价，使得人机产品综合评判的结果更加科学合理。Gheorghe等[112]运用模糊多属性决策方法，针对三款具有不同收集灰尘原理的吸尘器设计方案进行最优化选择。许占民[113]针对如何确定与目标产品风格最佳匹配的变形设计方案问题，提出了应用灰色关联分析和BP神经网络的关联匹配方法。对选择的变形组件应用BP神经网络确定与目标产品风格最佳匹配的变形方案，通过手机实例验证了方法的可行性。黄海波与丁玉兰[114]对地铁闸机方案进行模糊综合评价，为企业提供可借鉴的人机产品评价标准与方法。周海海等[115]在新产品开发与设计中引入产品造型多元质量的概念，从可制造性与可装配性、美学、人机工程学三方面构建产品造型多元质量评价模型。运用层次分析法与模糊综合评价相结合的方法对四款卧式点钞机造型方案的三个主因素指标以及各子因素指标进行定量测量，计算出各指标相对评语集的隶属向量和综合评价值，从而对方案进行排序评价。Ma等[116]利用因子分析法将多种产品归纳为一些特定的风格，使得用户根据个人喜好选择一种风格，应用模糊层次分析法与图像合成技术构建决策技术模型进行产品的优化选择。张全[117]在产品色彩智能设计中引入基因遗传和生物免疫理论，提出以产品组件为基本进化单元的基因编码方法，根据形色耦合美度模型构造了色彩方案适应度函数，并构建了色彩创新模型。王可[118]在色彩情感与色彩属性之间构建映射关系，获得符合色彩情感的色彩方案。运用模糊数学中聚类分析的方法优化色彩设计方案，创建了色彩方案的三维语义空间。

基于心理学与生理学测量的评价方法需要进行实验任务的合理设定、实验群体的准确选定、实验数据的有效获取与科学筛选，任何环节的不合理性均会导致实验结果的偏差。因此，该方法适应于对现有人机产品的应用与操作过程的人机评价。然而，针对设计阶段的若干创新设计方案进行评价，设计方案是以计算机辅助三维建模的形式表现，无法实现具体操控，故不适用于通过心理或生理信号反馈实验进行方案评价，而模糊综合评价方法更适用于设计阶段人机产品创新方案评价。

1.4 本章小结

综上所述，开发面向人机产品创新设计与评价的关键技术方法，将 E 理论、QFD 方法、TRIZ 理论、模糊综合评价方法进行有效结合，发挥理论与方法的集成与互补优势，从而实现人机产品创新设计与评价的科学性与准确性。所创建的集成模型与方法一旦被论证是行之有效的，首先，可以为用户需求的评价提供具体方法，确保用户需求信息的完整性与准确性；其次，为设计师与工程师针对设计阶段的人机产品，准确寻找创新设计关键提供方向；再次，为创新问题能够快速有效地解决，提供具体的创新思路与方法，提高创新设计效率；最后，客观准确地优选设计方案，解决方案选择的复杂性与主观性问题，避免由于创新方案的误选导致后续产品开发过程中人力、物力与资金的损失。

第2章　基于E理论的用户需求评价模型

产品的功能、质量、价格是消费者购买产品的关键因素。随着社会生活水平的提高与消费需求的多样化，对于功能、质量、价格因素相近的产品而言，高效、易用、舒适、安全、美观、情感化的产品日益受到消费者的青睐。因此，人机产品设计创新越来越受到企业的重视。随着全球化制造趋势的日益加剧，增强人机产品创新性、缩短开发周期、减少成本和全面提升质量，已成为企业提高人机产品竞争力的关键因素。人机产品创新若要在实践开发中取得成功，应以科学的创新方法理论为指导。E理论研究的主要目的是使人的工作更有效、更安全、更舒适。它的核心思想是如何使设计与操作适合用户的能力与限制，而不是用户去配合产品与操作的需求，即“机器适应于人”，而非“人适应机器”，从而达到人、机、环境系统的协调。

用户需求是人机产品开发的必要前提。有效地获取与分析用户需求，并在设计规范中准确地加以定义，是开发高用户满意度的人机产品的关键因素之一。然而，通常用户采用自然语言描述个体需求，需求表述的主观性、随意性、模糊性、不完整性及重复性较强，对用户需求的准确性产生影响。因此，人机产品用户需求的准确获取与评价是本章研究的重点。

2.1　现有用户满意度理论与模型分析

对企业而言，研究用户满意度有利于产品的改进与创新，正确地评价用户满意度可以帮助企业准确把握用户需求，从而适时调整产品开发战略，进行前瞻性市场定位，实现资源的优化配置，获得最大利润的投资回报。对用户而言，在市场竞争态势下，用户满意度评价会鼓励企业产品质量竞争，改善人们经济生活的质量，提高国民的整体生活质量水平。在研究领域，目前主要应用的用户满意度模型分为以下六类：

(1) 顾客满意度指数模型

顾客满意度指数测评可以为企业提供良好的顾客服务与测评工作。顾客满意度指数模型细分为以下三种：

瑞典顾客满意度晴雨表指数(Sweden Customer Satisfaction Barometer,

SCSB)模型。它是由瑞典学者于1989年构建的,包括顾客期望、感知绩效、顾客满意、顾客抱怨、顾客忠诚,如图2.1所示。SCSB模型推出后,上百家公司运用该模型对顾客满意指数进行分析与调研,但在实践中存在局限性,例如感知绩效对顾客满意度产生影响,但如何衡量感知绩效的各个内部因素所占的权重,模型中并未提及,并且不同顾客对不同产品的服务与质量感知存在差异性,这就导致结果较难确定。

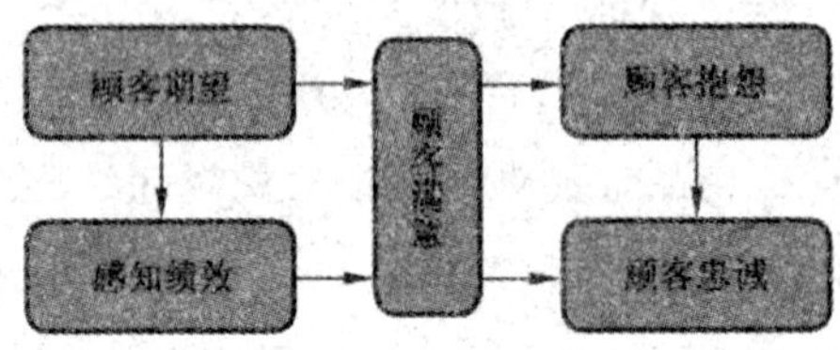

图2.1 SCSB模型

美国顾客满意度指数(American Customer Satisfaction Index,ACSI)模型。它是由美国密歇根大学Fornell博士等人在SCSB模型基础上创建的,包括了六个相互关联的输入与输出变量,分别为感知质量、顾客期望、顾客满意、顾客忠诚、感知价值、顾客抱怨,如图2.2所示。ACSI模型反映了产品或服务本身的质量与价格等属性,以及与顾客自身消费经验相关联的概念。在某种特定的环境下,顾客所产生的顾客满意程度,即对产品的描述和评判,是依据对产品的真实期望与感受,或者与已有的经验相比较来确立的。但在该模型中,顾客满意度一般不能直接测量,需要依靠间接推理,在一定程度上影响评测结果的准确性。同时,间接推理需要一定数量的模型及统计软件支持,实际操作具有一定难度。

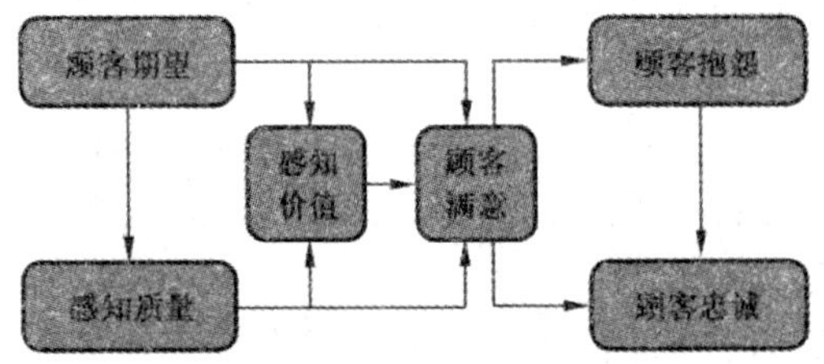

图2.2 ACSI模型

欧洲顾客满意度指数(Europe Customer Satisfaction Index,ECSI)模型。它是由挪威、瑞典以及美国学者联合欧洲质量组织与质量基金会等组织机构于1998年基于ACSI模型建立的,包括六个方面,分别是顾客期望、企业形象、感知质量、顾客满意、感知价值、顾客忠诚,如图2.3所示。ECSI模型吸取ACSI模型的基本框架与核心概念,将顾客抱怨这一潜在变量删除,并引入另一个潜在变量,即企业形象,该变量对顾客的期望值以及对满意度的分析与判别产生影响。

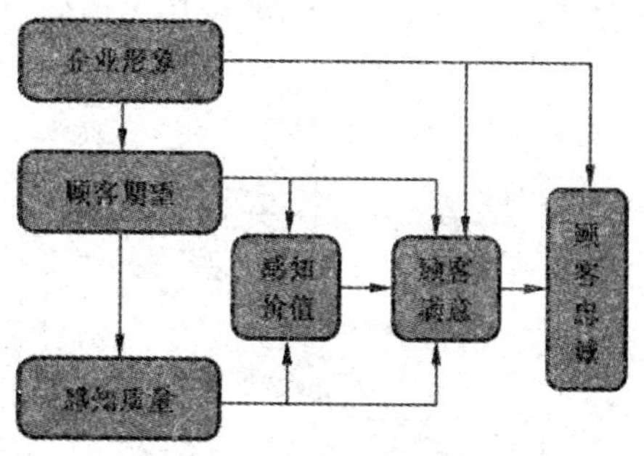

图 2.3　ECSI 模型

（2）四分图模型

四分图模型能够列出企业产品与服务的完整绩效指标。每个绩效指标具有满意度与重要度两个属性维度，通过用户对所有绩效指标的重要度与满意度实施打分，将最终影响企业满意度的指标纳入四个象限内，评价者可以依照分类结果对各项指标因素进行分析与处理。若企业需要，还可以通过汇总方式确立企业整体的用户满意度。因此，该模型被认为是一种偏向于定性研究的诊断分析模型。

四分图模型划分为四个区域，分别表示不同指标的重要度与满意度，如图 2.4 所示。

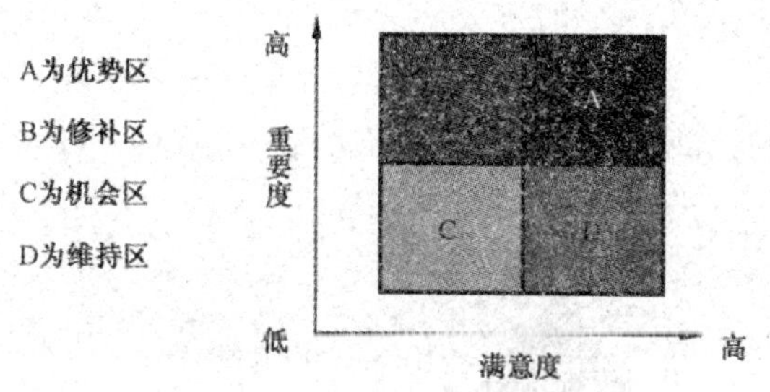

图 2.4　四分图模型

A 为优势区，表示指标具有高满意度、高重要度，应继续保持并发扬优势指标因素需要，使其成为优势产品。

B 为修补区，表示指标具有低满意度、高重要度，应重点对其进行改良与完善。

C 为机会区，表示指标具有低满意度、低重要度，该指标并非最急需解决的问题，将其暂时忽略。

D 为维持区，表示指标具有高满意度、低重要度，即应有意识发挥优势，使其转向优势区，又应看清其实际为企业产生的效益，可以考虑先从局部着手实施。

（3）KANO 模型

KANO 模型是由日本的质量管理专家卡诺博士提出的，如图 2.5 所示。该模型包含三个层次用户需求，即基本需求、期望需求与兴奋需求。

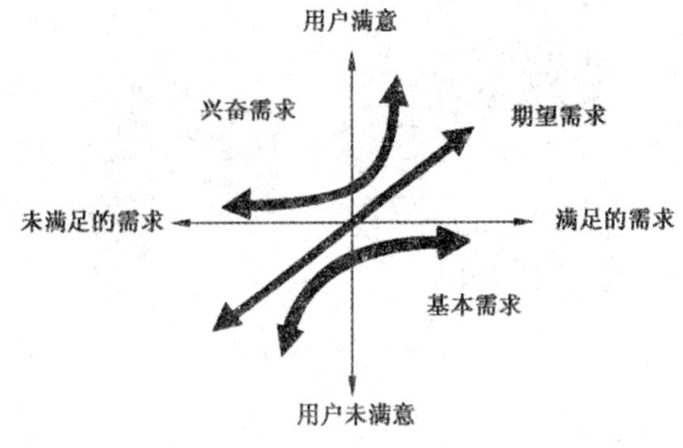

图 2.5　KANO 模型

基本需求指的是若产品或服务未能达到基本质量或功能，将会引起用户的强烈不满；若用户需求得到满足，也不会带来用户满意度提升。

期望需求指的是产品的质量或功能越高，用户越满意，并且用户满意度呈线性提升。

兴奋需求指的是用户未曾想到、完全出乎意料的产品质量或功能，其无论处于何种级别，均会带来用户满意度提升。

(4) 马斯洛需求层次模型

1943 年，美国犹太裔人本主义心理学家 Maslow 在《人类激励理论》一书中提出人的需求层次论。该理论成为诸多心理学家试图揭示需求规律的主要理论。其将人类需求由高到低分为五个层次，依次为自我实现需求、尊重需求、社交需求、安全需求以及生理需求，如图 2.6 所示。

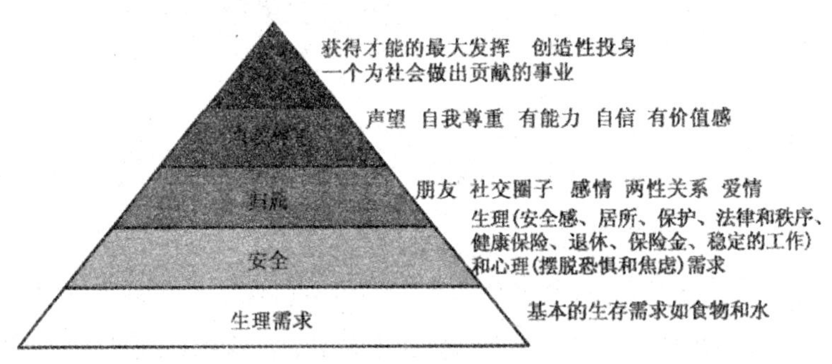

图 2.6　马斯洛需求层次

(5) 用户需求层级模型

Jordan[119] 于 1999 年首次将马斯洛理论应用于 E 领域，以 E 理论为基础提出新的用户需求层次结构，拓宽并延伸 E 理论，使产品设计开发过程不再局限于对可用性、功能性等方面的考量，愉悦性等情感因素在设计研究中越来越多地被考虑。

2002 年，Bonapace[120] 梳理有关用户需求结构，将用户需求分层次应用到人机产品设计领域中，并提出面向人机产品使用的用户需求层级结构，如图 2.7 所示。

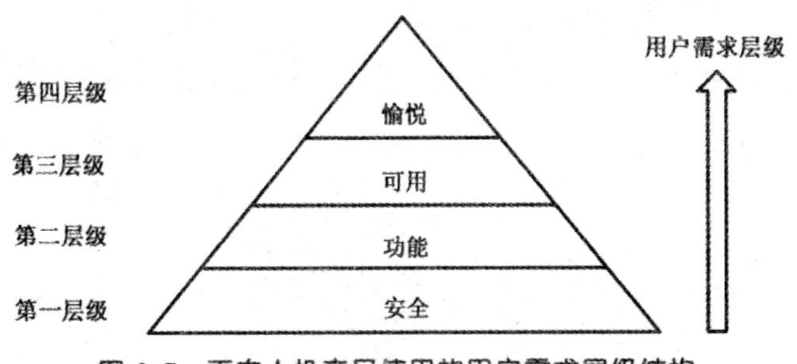

图 2.7　面向人机产品使用的用户需求层级结构

(6) 用户满意度概念模型

Han 与 Kuijt-Evers[121] 认为人机产品用户满意度具有多维层级结构，并提出包含效能、物理接触、情感印象三个特定的描述维度的手持工具用户满意度概念模型，如图 2.8 所示。

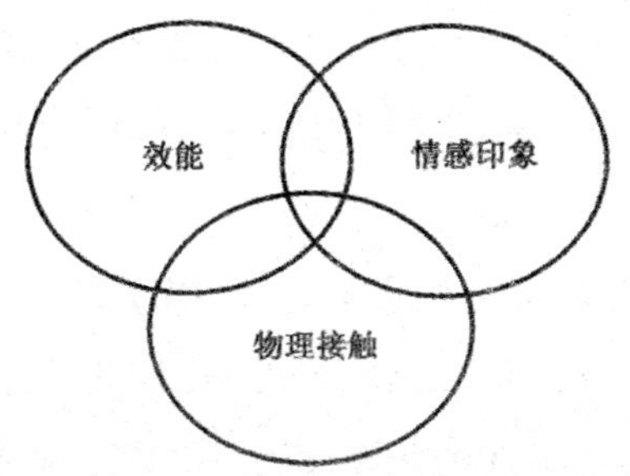

图 2.8　面向手持工具应用的用户满意度概念模型

综上所述，针对不同的需求层次可以寻求设计的解决方案。无论是各国学者提出的顾客满意度指数模型，还是四分图模型、KANO 模型以及马斯洛需求层次模型，都可以将顾客需求划分为从必须型需求到兴奋型需求的多个需求层次，从而实现高满意度的产品质量或功能。然而，这几类模型应用的局限在于大部分数据的收集是基于主观评测，顾客对产品的满意程度由主观感受所决定，由于顾客往往对诉求与感受的表达模糊，从而导致数据的单一化及不确定性。用户需求层级模型与用户满意度概念模型以 E 理论为基础对用户需求进行分级与分类描述，均可实现针对人机产品的用户需求获取与分析，并且据此寻求设计阶段的人机设计方案。然而，这两类模型应用的局限在于前者仅从使用角度对用户需求的高低层级进行较为直观的展示描述，后者所提出的三类维度的用户满意度描述仅适用于手持工具这类特定人机产品，均无法完整诠释具有普适性的人机产品用户满意度多维分类。

2.2 人机产品用户满意度模型与E设计原则

2.2.1 人机产品用户满意度三维分类模型

分析现有模型并结合E理论，提出了人机产品用户满意度三维分类模型，如图2.9所示。该模型包含人机交互、人机情感、人机效能三方面描述维度。

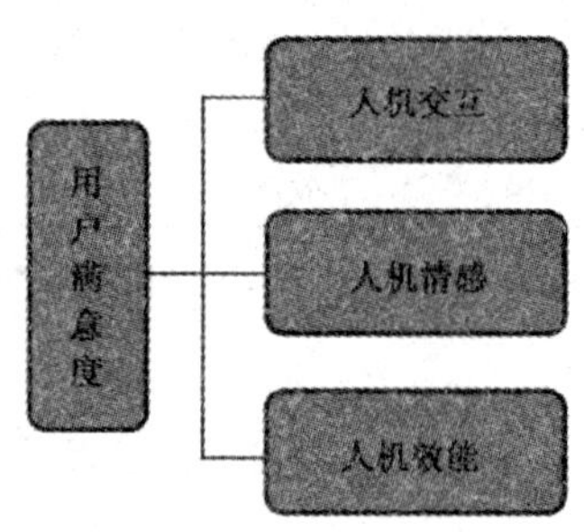

图2.9 人机产品用户满意度三维分类模型

(1) 人机交互维度，主要描述的是在产品使用与操作过程中，用户与产品交互所产生的各种生理与心理认知反馈，例如人体生理负荷、产品尺寸大小、表面处理、重量、压力反馈等方面。另外，该维度还包括用户的舒适性、疲劳度、安全性以及产品表现出的易用性、便捷性等方面。

(2) 人机情感维度，主要描述的是在使用与操作产品过程中，用户所产生的主观感受，比如产品的色彩宜人、风格独特、形态美观、材质柔软等方面。

(3) 人机效能维度，主要描述的是在使用与操作过程中，产品表现出的精准度、工作效率、性能、功能、稳定性等方面。

根据人机产品设计用户满意度三维分类以及E文献研究[122-128]，确立人机产品16项E设计要素，对于各项E设计要素的界定如表2.1所示。

表2.1 E设计要素

人机用户满意度三维分类	E设计要素
人机交互维度	安全、尺度、舒适、省力、易用
人机情感维度	审美、风格、语意、吸引力、易学、易维护
人机效能维度	效率、效力、功能、环保、性能

人机产品用户满意度的三维分类模型将与下文2.3.4节论述的基于因子分析方法的用户需求优化方法相结合，对用户需求进行分类分析。依据三个维度的评价标准来归纳并确定相应的用户需求组别，分析预测其权重影响，从而利于设计阶段工业设计师对于人机产品进行更准确的创新设计。16项E设计要素可作为后续

若干创新方案评价过程中评价属性体系的构建依据。

2.2.2 E 设计原则

通过现有 E 文献研究及设计标准[129,130]，可总结提炼出如下 5 项 E 设计原则：

原则 1：用户尺寸与产品尺度匹配性原则，指依照用户尺寸设计适度的产品尺寸。

原则 2：用户生理结构与产品造型契合性原则，指依照用户生理曲线设计舒适的产品形态。

原则 3：用户心理认知与产品色彩协调性原则，指依照用户心理特征设计宜人的产品色彩，色彩符合不同人群的心理取向。

原则 4：用户行为认知与产品操作界面易用性原则，指依照用户行为认知设计易学易用的产品操作界面。

原则 5：用户操作与产品系统交互智能化原则，指依照数字信息技术设计交互智能化的产品操作系统。

依照此 5 项 E 设计原则，可以有效指导人机产品设计开发。

2.3 基于 E 理论的用户需求优先度评价模型

为了进行用户需求的广泛获取与合理优化，并准确识别其优先度，构建了基于 E 理论的人机用户需求优先度评价模型，如图 2.10 所示。

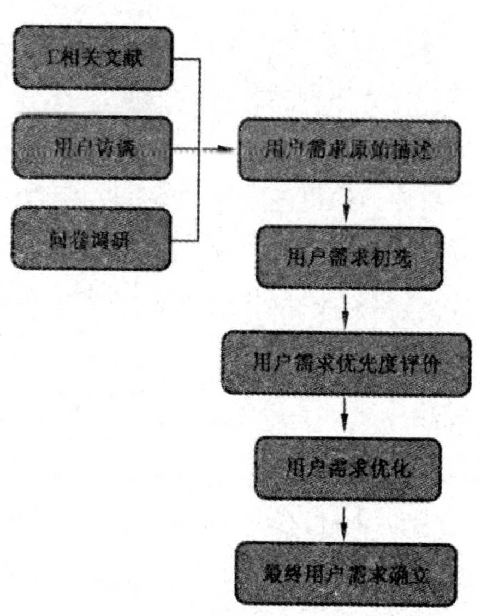

图 2.10 基于 E 理论的用户需求评价模型

基于E理论的用户需求优先度评价模型具体实施步骤为：

步骤1：基于三角测量法的用户需求原始描述；

步骤2：用户需求初选；

步骤3：基于李克特5点量表法的用户需求优先度评价；

步骤4：基于因子分析的用户需求数据优化；

步骤5：最终用户需求评价。

2.3.1 基于三角测量法的用户需求原始描述

最大限度地满足用户需求是产品开发的根本出发点与驱动力，其直接影响产品设计与服务质量，故针对用户需求的获取与分析尤为重要。在获取用户需求之前，要对现有竞争对手的产品进行全面深层次的准确判断与清晰认识，才能确保所获取用户需求的完整性与有效性。因此，首先要选择目标市场，对用户群体进行定位，通过界定准确的目标用户群，采用恰当的手段和方法实施调研。目前，针对用户需求原始描述的获取主要采用的研究方法有可用性测试、专家访谈、焦点小组、卡片分类、问卷调研、文献资料分析等。任何单一的方法都存在局限性，无法保障获取数据信息的有效性与完整性。

然而，三角测量法是一种针对同一个研究问题，综合使用不同的研究资料、研究方法、研究理论和研究人员来进行综合分析的数据获取方法。该方法可以提高数据信息获取的有效性和完整性。数据有效性，是指数据信息获取是否真实、准确地反映了研究对象，它强调的是结果的准确度；而完整性指的是数据信息获取的结果完整地反映了研究对象，它强调的是诠释和分析研究对象的广泛度和深入度。因此，针对用户需求原始描述，提出依据三角测量法，即通过问卷调研、专家访谈及E理论文献资料三种方式获得。选用该方式主要有以下三方面考虑：

首先，通过批量用户问卷调研，可以广泛获取用户的需求信息，对现有产品的使用缺陷提出具有针对性的、值得改进的、期望型的、理想化的需求信息。

其次，工业设计师与E专家对于产品的上一代缺陷、目前优势及下一代甚至未来可能出现的设计与发展趋势相对比较了解，他们开发产品发展方向且引领用户消费。通过专家访谈，用户需求的合理性能够更好地获得分析与判断，能够更为准确地将用户需求信息转化为设计的初始参数，从而为后续将用户需求转化为具体设计方案打下基础。同时，通过E专家与工业设计师可以将用户模糊不清的判断更有效地加以辨识与归纳，或者将设计理念、专业术语更迅速地转化为用户能够理解的设计语言，总结为产品设计语义词汇，从而搭建与用户良好的沟通平台，确保用户需求获取的准确性。

最后，基于大量相关的理论知识与实践文献资料，可以直接获得来源于已有研究成果的人机用户需求信息，确保需求的广泛性。另外，通过 E 理论文献资料能够获得 E 设计要素，并总结提炼出 E 设计原则。E 设计要素与设计原则可以在具体设计方案产生过程中发挥相对客观的指导作用，并确保方案评价体系的合理构建。

综上所述，基于三角测量法的用户需求原始描述可以保证需求信息的有效性与完整性。

2.3.2　用户需求初选

在获取用户需求原始描述相关信息和数据后，由于用户知识背景的不同，在需求表达的原始描述上存在差异，但实质上表达的是相同或相近意思。或者同一用户需求原始描述可能包含了一个或多个的需求。换言之，由于用户不同的文化知识背景与个体特征，致使最初广泛收集的用户需求原始描述表现出重复化、相似化、个性化，甚至在需求语言表述上显现出模糊化等特征。因此，要将大量的无序与模糊信息加以初步分类与整理，进行初次筛选。此环节由 E 专家与工业设计师借助专业知识背景与实践经验完成，将重复、相似、模糊的用户需求进行删除、合并与转化，避免后续用户需求优先度评价的复杂性与主观性。

2.3.3　基于李克特五点量表法的用户需求优先度评价

在获得最初用户需求之后，需要对需求进行优先度评价。为确定用户需求的基本优先度，可以利用层次分析法、线型偏序法评价用户需求的重要性；为精确描述用户需求的模糊性，利用模糊数中一种特殊形式的区间数、三角模糊数及区间数的运算法则对用户需求的重要性进行评价，以确定用户需求的基本优先度，但区间数在用户需求模糊性的描述方面存在偏差较大的缺陷[131]。

另外，还可以通过用户、工业设计师与 E 专家对各项需求的评价来获得用户需求的测评数据。测评数据的获取方法较多，其中基于李克特量表法的测量技术最为常用。李克特量表法由心理学家李克特于 1932 年提出，主要用来测量受试者对于问题描述的主观或客观判断。传统方法中通常是测量对问题描述的同意或不同意程度。该方法由一套态度项目构成，每一项目具有同等的态度数值，根据受试者反馈同意与不同意的程度给予分值，所有项目分值的总和即为个体的态度分值。此方法操作简单、计分容易，可信度与精确度较高，受试者完成起来也较为节省时间，并可依据项目的增加提高可信度。因此，李克特量表是从事意见或态度研究较受欢迎、最常使用的一种量表。

在现有李克特量表法的基础上，针对用户需求的重要性问题，提出采用五点量表法进行用户需求的优先度评价，如图 2.11 所示。受试者对用户需求的态度不再是简单的同意或不同意两类，而是将重要性分为 5 类，范围从极不重要、不重要、一般重要、重要到极为重要。由于类型增多，用户对于各项需求的优先度评测的差别就能充分体现出来。

某产品用户需求重要性问卷调查

年龄:______ 性别:______

请按照下表所示关于重要程度的5个等级及相对应的评级数，对问卷中所列出的所有关于产品使用的用户需求重要性进行评价。

重要程度	极不重要	不重要	一般	重要	极为重要
评 级	1	2	3	4	5

用户需求1: 评级:______

… …

图 2.11 用户需求重要性调查问卷

2.3.4 基于因子分析方法的用户需求数据优化

目前，多元统计数据分析方法包含模型式与分析式两大类方法。前者以判别分析与回归分析为主。该方法是在变量集合中存在自变量与因变量区分，依据数据分析寻找因变量与自变量之间的函数关系，建立预测模型；后者以聚类分析、主成分分析为代表，典型相关分析亦属于该类方法。其主要特征是依据数据分析来简化数据结构，测评变量间的相关性，或是样本点的相似性[132]。主成分分析法与因子分析法是现在比较通用的结构优化分析方法[133]。

主成分分析法是针对具有复杂相关性的原始指标 $\boldsymbol{x}$ 寻找投影向量 $\boldsymbol{a}$，即对原始指标 $\boldsymbol{x}$（或称变量）进行线性变换而生成新的线性组合变量 $\boldsymbol{y}=\boldsymbol{A}\boldsymbol{x}$，研究目标侧重于多项观测中方差较大的新的线性组合变量，最后重新组合成个数较少且互无相关，但又最大程度上反映原始指标信息的主成分变量 $\boldsymbol{y}=(y_1,y_2,\cdots,y_m)(m<p)$。最终，原始评价属性 $x_1,x_2,\cdots,x_p$ 简化并优化为综合性指标 $y_1,y_2,\cdots,y_m$[134]。因子分析方法与主成分分析方法简化数据结构的机理有所不同，其本质不是对数据进行数字交换，而是对于具有复杂相关性的原始指标（变量）$\boldsymbol{x}=(x_1,x_2,\cdots,x_n)$，依据寻求原始变量的共同方面来简化存在于原始变量之间的复杂关系，将每个测量实质相同的变量归入一个公因子。公因子对原始变量产生重要支配作用，若公因子

之间不相关，则通常不可测，个数比原始变量个数要少（比如 m 个，$m<p$），是所有变量共同具有的公共因素。这样 n 个原始变量 $x_1, x_2, \cdots, x_n$ 的信息则由 m 个公因子 $F_1, F_2, \cdots, F_m$ 和每一个原始变量独自具有的特殊因子 $\varepsilon_i(i=1,2,\cdots,n)$ 两部分来描述。一般仅考虑因子，而忽略特殊因子，从而达到简化数据结构的目的，即把原始评价属性化为 m 个公因子（综合指标），形成优化的指标体系。

简言之，因子分析是通过对变量之间关系的研究，找出能综合原始变量的少数几个因子，使得少数因子能够反映原始变量的绝大部分信息，然后根据相关性的大小将原始变量分组，使得组内的变量之间相关性较高，而不同组的变量之间相关性较低。因此，因子分析属于多元统计中处理降维的一种统计方法，其目的就是要减少变量的个数，用少数因子代表多个原始变量。

现将主成分分析法和因子分析法两种算法进行比较，如下所述：

(1) 主成分分析算法是假设可观测的因素有 k 个：$X_i, i=1,2,\cdots,k$ 记 $\boldsymbol{X}=(X_1, X_2, \cdots, X_k)^{\mathrm{T}}$，观测数据矩阵为：

$$\boldsymbol{Z}=\begin{bmatrix} x_{11} & x_{12} & \cdots & x_{1k} \\ x_{21} & x_{22} & \cdots & x_{2k} \\ \vdots & \vdots & & \vdots \\ x_{n1} & x_{n2} & \cdots & x_{nk} \end{bmatrix}=\begin{bmatrix} \boldsymbol{z}_1 \\ \boldsymbol{z}_2 \\ \vdots \\ \boldsymbol{z}_n \end{bmatrix} \tag{2.1}$$

确定线性变换为：

$$\begin{cases} \boldsymbol{y}_1=a_{11}x_1+a_{12}x_2+\cdots+a_{1k}x_k=a_1^{\mathrm{T}}\boldsymbol{x} \\ \boldsymbol{y}_2=a_{21}x_1+a_{22}x_2+\cdots+a_{2k}x_k=a_2^{\mathrm{T}}\boldsymbol{x} \\ \quad\vdots \\ \boldsymbol{y}_k=a_{k1}x_1+a_{k2}x_2+\cdots+a_{kk}x_k=a_k^{\mathrm{T}}\boldsymbol{x} \end{cases} \tag{2.2}$$

使得 $Y_i(i=1,2,\cdots,k)$ 满足：

$$\begin{cases} \max \quad DY_i \\ \text{s. t. } \| a_i \| =1 \\ \operatorname{cov}(Y_i, Y_j)=0, j=1,2,\cdots k, i\neq j \end{cases} \tag{2.3}$$

这时的综合指标 $Y_i(i=1,2,\cdots,k)$ 称为第 i 个主成分。

主要求解步骤如下所述：

第一步：依据数据矩阵 $\boldsymbol{Z}$ 计算下列样本均值、样本高差矩阵、样本协方差矩阵和样本相关矩阵；

$$\bar{z}=\frac{1}{n}\sum_{i=1}^{n}Z_i$$

$$\boldsymbol{C}=(c_{ij})_{k\times k}=\sum_{i=1}^{n}(z_i-\bar{z})^{\mathrm{T}}(z_i-\bar{z}) \tag{2.4}$$

$$\boldsymbol{S}=\frac{1}{n-1}\boldsymbol{C}=(s_{ij})_{k\times k}$$

$$\boldsymbol{R}=(r_{ij})_{k\times k}\text{，其中 } r_{ij}=\frac{c_{ij}}{\sqrt{c_{ii}c_{jj}}}=\frac{s_{ij}}{\sqrt{s_{ii}s_{jj}}}$$

第二步：计算 $\boldsymbol{R}$ 的特征根及对应的标准正交化特征矩阵，分别记为 $\lambda_1\geqslant\lambda_2\geqslant\cdots\geqslant\lambda_k$ 和 $T_1,T_2,\cdots,T_k$；

第三步：需要求出主成分：$\boldsymbol{Y}_i=t_i^{\mathrm{T}}\boldsymbol{X},i=1,2,\cdots,k$。

主成分对 $\boldsymbol{X}$ 的累积贡献率为 $\sum_{i=1}^{m}\lambda_i/\sum_{i=1}^{k}\lambda_i$，一般可根据累计贡献率选取主成分。例如选取 $\frac{\lambda_1+\lambda_2+\cdots+\lambda_m}{T_1+T_2+\cdots+T_k}\geqslant 85\%$ 或 $\geqslant 1$ 的 λ_i 对应的主成分。

(2) 因子分析的出发点是用较少的相对独立的因子变量来代替原来变量的大部分信息，采用下面的数学模型来表示：

$$\begin{cases}x_1=a_{11}F_1+a_{12}F_2+\cdots+a_{1m}F_m+a_1\varepsilon_1\\x_2=a_{21}F_1+a_{22}F_2+\cdots+a_{2m}F_m+a_2\varepsilon_2\\\quad\vdots\\x_p=a_{p1}F_1+a_{p2}F_2+\cdots+a_{pm}F_m+a_p\varepsilon_p\end{cases} \tag{2.5}$$

其中，$x_1,x_2,\cdots,x_p$ 为 p 个原有变量，是均值为 0、标准差为 1 的标准化变量，$F_1,F_2,\cdots,F_m$ 为 m 个因子变量，$m<p$，表示成矩阵形式为：

$$\boldsymbol{X}=\boldsymbol{A}\boldsymbol{F}+a_{ij}\varepsilon$$

其中 F 为因子变量或公共因子，可视为高位空间中互相垂直的 m 个坐标轴。$\mathbf{A}$ 为因子载荷矩阵，a_{ij} 为因子载荷，是第 i 个原有变量在第 j 个因子变量上的负荷。若将变量 x_j 视作 m 维因子空间中的一个向量，则 a_{ij} 为 x_j 在坐标轴 F_j 上的投影，相当于多元回归中的标准回归系数。ε 为特殊因子，表示了原有变量不能被因子变量所解释的部分，相当于多元回归分析中的残差部分。

$$a_i=\sqrt{\lambda_i\mu_i}$$

求因子载荷的方法很多，如主成分法、主轴因子法。最常用的为主成分法求因子载荷矩阵 $\mathbf{A}$[135]。步骤如下：

第一步：样本数据矩阵 $\boldsymbol{X}$ 为标准化矩阵；

第二步：建立变量的样本相关矩阵 $\boldsymbol{R}=(r_{ij})$；

第三步：求 $\boldsymbol{R}$ 的全部特征值 $\lambda_i(i=1,2,\cdots,p)$ 以及相应的标准正交特征向量 μ_i $(i=1,2,\cdots,m)$；

第四步：对给定的阈值 ω，确定选取公因子的个数 m，使得正整数 m 满足：$[(\lambda_1+\lambda_2+\cdots+\lambda_m)/(\lambda_1+\lambda_2+\cdots+\lambda_p)]>\omega$；

第五步：求因子载荷矩阵 $\boldsymbol{A}=(a_1,a_2,\cdots,a_i)$，$a_i=\sqrt{\lambda_i\mu_i}(i=1,2,\cdots,m)$；

第六步：对因子载荷矩阵 $\boldsymbol{A}$ 进行正交旋转，旋转方法有方差极大正交旋转法、方差四幂法和斜交旋转法等，本文选用的是正交法；

第七步：确定 m 个公因子 $F_1,F_2,\cdots,F_m$，形成新的指标体系。

另外，应用因子分析法时，需要进行相关系数的适合性判断。一般有 Bartlett 的球形检验(Bartlett's test of sphericity)和 KMO(Kaiser-Meyer-Olkin)检验两种方法来判断相关矩阵的适合性[136]。本研究选用第二种方法，现将算法简述如下：

KMO(Kaiser-Meyer-Olkin)检验

KMO 统计量用于比较变量间简单相加和偏相关系数，计算公式为

$$\mathrm{KMO}=\frac{\sum\sum_{i\neq j}r_{ij}^2}{\sum\sum_{i\neq j}r_{ij}^2+\sum\sum_{i\neq j}p_{ij}^2} \tag{2.6}$$

其中，r_{ij}^2 是变量 i 和变量 j 之间的简单相关系数，p_{ij}^2 是变量 i 和变量 j 之间的偏相关系数。KMO 的取值范围在 0 和 1 之间。若 KMO 的值越接近 1，则所有变量之间的简单相关系数平方和远大于偏相关系数平方和，因此更适合于作因子分析。若 KMO 越小，则越不适合作因子分析。

Kaiser 给出了一个 KMO 的标准。

0.9<KMO：非常合适。

0.8<KMO<0.9：合适。

0.7<KMO<0.8：一般。

0.6<KMO<0.7：不太合适。

KMO<0.5：不合适。

主成分分析和因子分析均能够提取信息，使变量简化降维，从而使问题更加简单直观。已有的研究显示，一般情况下，主成分分析法适用的评价对象是能够映射社会现象数量特征的评价属性体系，而因子分析法主要针对的评价对象是关于用户的心理与主观感受、愿望以及满意度的评价属性体系，具有一定的主观性。针对人机产品的用户需求评价亦属于后者，因而采用因子分析方法进行用户需求优化。

2.3.5 最终用户需求评价

由于应用李克特五点量表法，并通过问卷调研获得用户满意度评价，因此评价结果的准确性非常重要。为了保证调查结果的准确性和可靠性，需对用户研究问卷设计准确度展开信度分析。信度检验保证问卷在多次重复使用下能够得到可靠的数据结果。借助信度分析对问卷结构和内容进行反复调整，从而保证问卷结果的准确性和无偏性。信度分析主要用来分析测量方法与数据信息的可靠性或一致性，检验评测过程中所产生的误差大小，可以较好地反映同等条件或方法下反复评测所产生结果的接近度。目前，有三类信度指标被实际分析所用，即等值性、稳定性和内部一致性[137]。等值性要求对被调查对象进行精确分类，稳定性则要求通过反复多次测量实现。因此，在统计检验领域，学术界普遍利用内部一致性指标进行统计检验，并采用 Cronbach's Alpha 来展开内部一致性检验，其公式如下：

$$a=\frac{n}{n-1}\left(1-\frac{\sum S_i^2}{S_T^2}\right) \tag{2.7}$$

其中，n 为测验题目数，S_i^2 为某一项目的变异数，S_T^2 为测验总分变异数。若各组 Cronbach's Alpha 均大于 0.7 这一标准，说明各组观测变量的整体信度较高，具有良好的内部一致性。在信度检验中，如果某一变量项总计相关系数小于0.4，且其被删除后的 Alpha 大于所有项目中的 Alpha，则此变量与其余变量所要测量的属性可能不同，在项目分析中删除，以提高信度；若变量被删除后的 Alpha 小于所有项目中的 Alpha，该变量被保留；若各组 Cronbach's Alpha 值均小于 0.7，此时只能通过修改数据内容来提升其信度。

2.4 本章小结

用户需求获取与评价的完整性与准确性是设计开发关键因素之一，也是创新过程的首要环节。本章主要工作是将 E 理论融入人机产品用户需求评价中，构建了基于 E 理论的用户需求优先度评价模型，得出以下结论：

(1) 构建了包括人机交互、人机情感与人机效能三个维度的人机产品用户满意度三维分类模型。提出依据三角测量法，即通过问卷调研、专家访谈及 E 理论文献三种方法相结合，获取用户需求原始描述，确保需求信息的完整性。

(2) 基于李克特五点量表法的用户需求重要性问卷调研，可以将模糊的、定性的且不准确的用户需求信息进行量化评价。

(3) 基于因子分析法的用户需求分析，可以有效地进行用户需求的降维处理，实现需求信息的结构优化。

(4) 采用 Cronbach's Alpha 系数检验提高问卷的信度，通过 SPSS 数理统计软件获取项总计相关系数，被删除后的 Alpha 数值进行无效需求的筛选，以提高需求信息的信度。

(5) 基于 E 理论的用户需求优先度评价模型与流程方法是下一章方法实施的前提，并为后续的实际案例应用研究提供理论与方法的支持。

第3章 基于QFD方法的人机产品创新设计关键定位

在人机产品开发过程中，当用户需求确立后，需要识别创新设计的瓶颈问题，寻找创新设计突破口，方可设计制造出用户满意度高的人机产品，从而确保企业产品在激烈的市场竞争中立于不败之地。因此，创新成为一个国家、一个企业可持续发展的动力。依照模式的不同，创新主要包含了以用户为中心的创新模式、以技术为驱动的创新模式以及以价格为驱动的创新模式。全球诸多知名企业，均采用以用户需求为驱动的创新模式改进、研究并开发新产品。目前，用户驱动型创新之所以成为一种趋势，其原因在于用户通常是产品的使用者，对产品操作的各种需求有着本质的理解，用户在需求与创新方面的建议起着重要作用，并日益被众多学者、企业家所认同。因而，用户驱动型创新成为一个热点问题并得到业界的关注。

在设计阶段人机产品创新过程的实施中，创新设计关键研究主要包括关键创新问题与关键设计区域的准确识别与定位。然而，如何将用户需求转化为创新设计关键，需要采用合理的创新方法作为指导，确保创新设计过程的有效实施。质量功能展开（Quality Function Deployment，QFD）方法是一种借助用户需求信息传递、帮助群体协调工作的系统化方法。其基本思路是：了解用户的需求信息，通过倾听用户的呼声，即用户需求，采用符合逻辑的方法将用户需求转化成产品生命周期各个阶段的设计语言，并传递到相应的开发阶段，以保证如何在可能的资源条件约束与配置下最大限度地满足用户需求。因此，本章将重点探讨如何利用QFD方法进行人机产品用户需求转化，识别关键创新问题与关键设计区域，力求构建有效可行的方法模型。

3.1 QFD方法

3.1.1 QFD的核心思想

QFD是综合质量展开与狭义的质量功能展开之总称。日本质量管理大师赤尾洋二认为：综合质量展开是将用户需求转换成产品的工程技术特性，进而将其完整地展开到每个零件、功能部件或服务项目的质量上，从而确保产品开发质量与服务能够符合用户需求[138]。它属于一种系统化的技术方法。日本水野滋博士认为狭义的质量功能展开(质量职能展开)方法是一种体系化的管理形式与方法。根据一定的手段与目的,将构成质量保证的功能或服务,系统且关联地进行具体展开,借助企业管理职能的展开,从而确保质量与用户需求获得满足[139]。

从 QFD 表层定义来理解,质量(Q)表示用户的期望或质量需求;功能(F)则表示通过何种产品的具体功能使用户需求得到满足并实现;展开(D)代表了将用户需求逐层展开,并传输或转化到产品开发过程的各个主要阶段或组织管理的相关环节。

因此,QFD 方法是一种基于用户驱动与质量保证的创新方法,其目的是使产品设计过程与生产过程或管理组织服务能够最大程度地满足用户需求,保证产品开发过程的质量与价值。在该方法体系中,QFD 的本质问题是获取与识别用户的完整需求,以及分析并判断如何实现并满足用户需求;QFD 的基本思想是获悉用户需要什么样的需求以及通过何种方式来满足用户需求;而 QFD 的核心则是在确立和综合分析用户需求的基础上,运用规范与系统型的矩阵图实现用户需求向产品设计工程特性、零部件设计特性、工艺设计特性及生产质量控制的转化。综上所述,QFD 是一种用户需求驱动的产品设计方法论。

3.1.2　QFD 模式与过程

3.1.2.1　三种模式

经过诸多学者多年的探究与应用,QFD 方法体系不断得到快速发展。目前,共有三种被广泛接受与应用的 QFD 模式,分别是综合 QFD 模式、ASI 模式以及 GOAL/QPC 模式。此三种模式既有联系又有区别,代表了 QFD 研究和实践的基本形式。综合 QFD 模式是起源,而 ASI 模式和 GOAL/QPC 模式则由此模式演化而来。三种模式均运用直观的矩阵展开框架。下面对三种模式依次进行介绍。

首先,综合 QFD 模式是由日本的赤尾洋二及水野滋等人建立。该模式的中心为设计阶段,包括可靠性、成本、技术以及质量展开等。产品开发的过程采用大量图表与矩阵形式详细表述与记录,较为全面地反映了 QFD 的本质,显示了日本式质量管理的特点。此模式框架基本结构如图 3.1 所示。该模式共有 64 项工作步骤,实际应用与操作过程相当复杂。

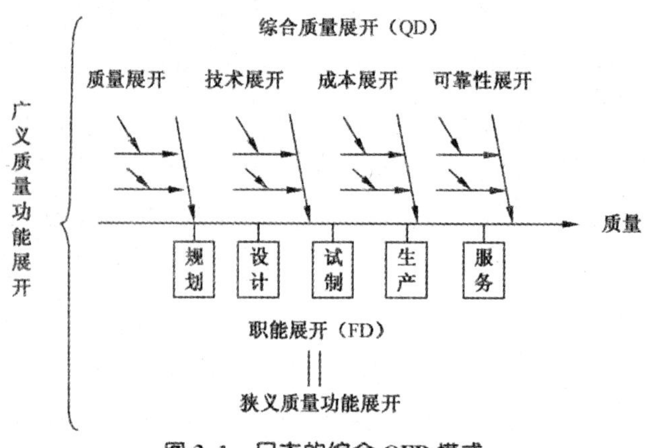

图 3.1 日本的综合 QFD 模式

1986 年，ASI 模式由美国供应商协会的 Sullivan 提出。两年后，Hauser 与 Clausing 对其进行了改进。该模式基本结构如图 3.2 所示。ASI 模式将用户需求通过四个阶段进行分解，依次是产品规划、零部件规划、工艺规划和生产规划。每个阶段利用一个矩阵来实现。因此，具有产品规划矩阵（或称之为质量屋）、零部件规划矩阵、工艺规划矩阵和生产控制矩阵，并且 ASI 模式与一般的产品开发过程存在着一一对应关系，可将用户需求逐级展开转化到对应的工程特性、零部件特性、工艺特性和生产要求上。由于 ASI 模式结构简明，过程清晰，操作应用过程相对方便，因此，本书后续的研究也将基于 ASI 模式展开。

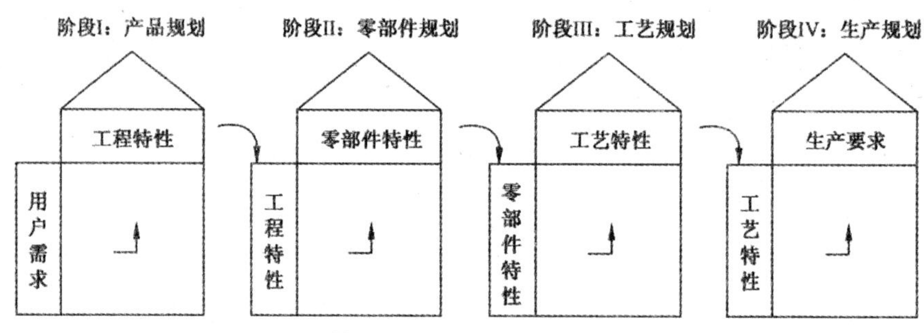

图 3.2 QFD 四阶段模式

由 King 提出的 GOAL/QPC 模式，共具有 30 个矩阵，包含完整的产品开发全过程，虽然能提供良好的支持，但该模式在实际应用中，各项工作相互之间的逻辑关系不明确，导致可操作性较差。

3.1.2.2 常用模式过程

目前，美国的 ASI 四阶段模式被专家与研究者广泛学习与应用，故现以该模式阐述 QFD 方法的具体过程。如图 3.2 所示，QFD 方法过程以用户需求为源头切入，采用质量屋的形式，逐级分析用户需求，依次形成用户需求的瀑布式分解。该方法实施过程首先将用户的需求转换为产品的工程特性，继而将产品的工程特性转换为零件特性，再将零件特性转化为工艺特性，最后将工艺特性转换为生产需求，从而实现用户需求的产品化过程。四个阶段的效用具体如下所述：

第Ⅰ阶段，产品规划阶段。在该阶段通过产品规划矩阵，将用户需求转换为产品工程技术特性。产品各项技术需求的目标值依据用户竞争性评估和技术竞争性评估结果确定。

第Ⅱ阶段，零部件规划阶段。在该阶段将产品工程特性作为输入，根据零件配置矩阵将产品工程技术特征转换为主要关键零部件的特征。

第Ⅲ阶段，工艺规划阶段。在该阶段依据工艺规划矩阵，确立主要关键工艺参数，保证关键零部件的工艺实现。

第Ⅳ阶段，生产规划阶段。在该阶段通过工艺或生产控制矩阵将主要关键工艺参数转化为详细的生产控制方法。

3.1.3 QFD 核心元件

3.1.3.1 质量屋及结构要素

质量屋是 QFD 的核心，是一种确定用户需求和相应产品或服务性能之间联系的图示方法。在质量屋的基本框架之中将用户需求输入，通过分析评价得出输出信息，以此实现需求转换，是一种直观的矩阵框架表达形式。针对产品规划阶段的传统质量屋结构如图 3.3 所示。

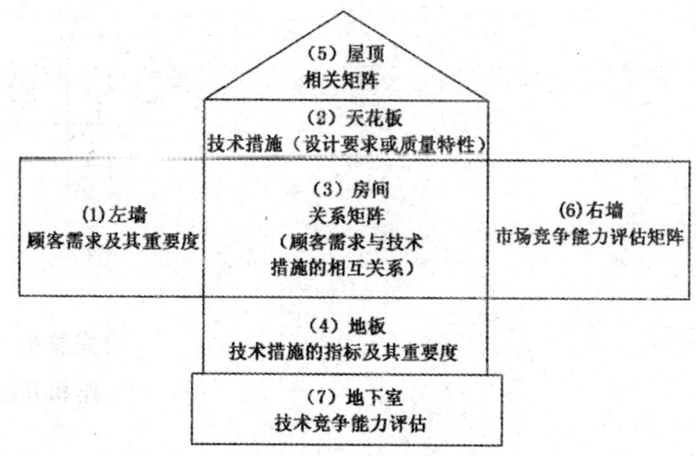

图 3.3　传统质量屋

该质量屋具体包括以下结构要素：

(1) 左墙：用户需求及用户需求重要度，是质量屋的输入端。

(2) 天花板：产品技术特性，是用户需求赖以实现的可测量的指标特性。

(3) 房间:相关关系矩阵,描述用户需求与产品技术特征之间的关联度。

(4) 地板:产品技术特征的指标与重要度。

(5) 屋顶:自相关关系矩阵,表明产品工程特性之间的相关程度。

(6) 右墙:用户竞争性评估矩阵,从用户角度对竞争者产品在需求满足方面的评估。

(7) 地下室:技术性竞争评估矩阵,从技术的角度对市场上同类产品进行评估。

产品规划阶段指的是产品设计与开发的前期阶段,此阶段的质量屋包括大量重要的评价信息,其构建需要 QFD 专家大量的创造性活动,是典型的群决策过程。QFD 正是通过这一系统化的展开结构,将用户需求、愿望和偏好等信息体现在产品或服务的设计开发过程中。另外,由于 QFD 体系中零部件展开、工艺展开及生产制造控制三个阶段的矩阵结构和分析方法在本质上与产品开发前期设计阶段的质量屋是相同的,因此其他三个阶段亦可参照第一阶段的质量屋构建方法进行。产品前期设计阶段的质量屋在整个 QFD 方法体系中占据基础性和战略性的重要地位,它是联系用户需求与产品工程特性的桥梁,并对后续的 QFD 不同阶段性展开起着先导性和决定性的作用。因此,本书将研究的重点放在产品规划阶段,即设计阶段质量屋的构建。

3.1.3.2 质量屋构建具体流程

现以传统 QFD 方法过程中的产品规划阶段的质量屋构建为例,阐述其具体构造流程,具体步骤如图 3.4 所示:

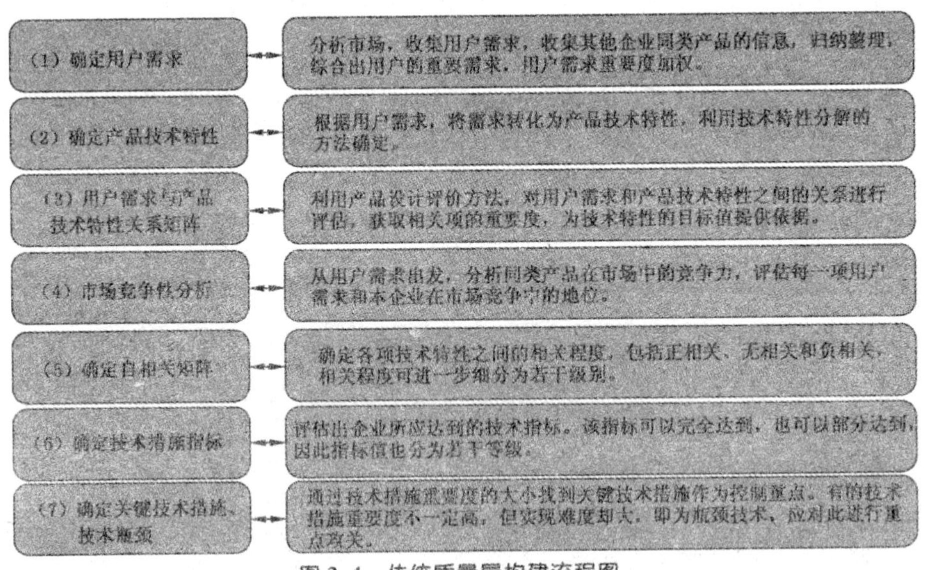

图 3.4 传统质量屋构建流程图

如图 3.4 所示的质量屋构建流程中所涉及的量化计算,将在下一节中进行具体论述。

3.1.3.3　传统质量屋量化评价方法

在传统质量屋中，为了确保 QFD 的准确实施，面向用户需求重要度、用户需求与产品工程特性关系度以及竞争能力等各项数值的量化评价方法非常重要。由于加权评分法是一种方便、简单、易操作的评价方法，现选择加权评分法分别针对重要度、关系度及竞争能力的数值展开量化评估。为了方便论述，将质量屋中所要应用的各相关构成元素的量化符号进行表示，具体如图 3.5 所示。

<table>
<tr><td rowspan="4">工程措施
t_{ij}</td><td>t_{11}</td><td>…</td><td>t_{1n}</td><td colspan="2" rowspan="3"></td></tr>
<tr><td>⋮</td><td>t_{ij}</td><td>⋮</td></tr>
<tr><td>t_{n1}</td><td>…</td><td>t_{nn}</td></tr>
<tr><td colspan="3">工程措施</td><td>用户需求重要度K_i</td><td>市场竞争力M_i</td></tr>
<tr><td rowspan="3">用户需求
r_{ij}</td><td>r_{11}</td><td>…</td><td>r_{1m}</td><td>K_1</td><td>M_1</td></tr>
<tr><td>⋮</td><td>r_{ij}</td><td>⋮</td><td>⋮</td><td>⋮</td></tr>
<tr><td>r_{m1}</td><td>…</td><td>r_{mn}</td><td>K_m</td><td>M_m</td></tr>
<tr><td>工程措施重要度h_j</td><td>h_1</td><td>…</td><td>h_m</td><td colspan="2" rowspan="3"></td></tr>
<tr><td>技术竞争力T_j</td><td>T_1</td><td>…</td><td>T_n</td></tr>
<tr><td>综合竞争力</td><td colspan="3">C</td></tr>
</table>

图 3.5　质量屋中的量化符号

首先需要对用户需求的重要度 K_i 评估，确定产品工程特性与用户需求之间的关系度 r_{ij}，评测任意两个产品工程特性之间的自相关度。然后，利用加权评分法以获得工程措施的重要度 h_j。最后，对产品的技术竞争力与市场竞争力进行评估，获得综合竞争力。具体量化方法与公式如下：

(1) 用户需求重要度评价

用户需求重要度 $K_i(i=1,2,\cdots,m)$可采用以下 5 个等级表示：

1：表示极不重要的用户需求；

2：表示不重要的用户需求；

3：表示一般性的用户需求；

4：表示重要的用户需求；

5：表示极为重要的用户需求。

(2) 关系矩阵评价

关系矩阵的评估是确定各项产品工程技术特性与每一项用户需求的相关程度。现有方法中有的采用符号“●、◎、○”依次表示强、中、弱的关系度，也可对应数字 9,3,1 或 5,3,1。另外，也可根据实际情况采用其他数字标度，或是模糊数的应用。下面以关系矩阵关系度 r_{ij} 采用 0,1,3,5 等级为例：

0:代表产品工程技术特性和用户需求之间不存在关系；

1:代表产品工程技术特性和用户需求之间存在较弱的关系；

3:代表产品工程技术特性和用户需求之间存在较强的关系；

5:代表产品工程技术特性和用户需求之间存在极强的关系。

加权后产品工程技术特性的重要度的计算公式为：

$$h_j = \sum_{i=1}^{m} K_i r_{ij} \tag{3.1}$$

若求得的 h_j 数值较大，说明第 j 项工程技术特性较为重要，并且与多项用户需求之间存在相互关系，且关系较强，相关联的用户需求也较重要。

(3) 自相关矩阵评价

工程技术特性之间的自相关度 t_{ij} 用下列符号表示：

○(正相关)：代表两项工程技术特性之间具有互相加强与叠加的影响；

◎(强正相关)：代表两项工程技术特性之间具有很强的互相加强与叠加的影响；

X(负相关)：代表两项工程技术特性之间具有互相减弱与抵消的影响；

#(强负相关)：代表两项工程技术特性之间具有极大的冲突；

空白：代表两项工程技术特性之间不存在相互影响。

(4) 市场与技术竞争力评价

采取以下 5 个等级表示市场竞争力 $M_i(i=1,2,\cdots,m)$：

1:代表产品积压数量大，无竞争力可言；

2:代表产品市场占有份额小，竞争力低下；

3:代表产品能够进入市场，但不具备较强竞争力；

4:代表产品在市场竞争中具备一定优势；

5:代表产品在市场竞争中具备较强优势。

故对市场竞争力 $M_i(i=1,2,\cdots,m)$ 综合后，获取的产品的市场竞争力指数 M 值越大越好，计算公式如下：

$$M = \sum_{i=1}^{m} K_i M_i / 5 \sum_{i=1}^{m} K_i \tag{3.2}$$

第 j 项产品工程技术水平由技术竞争力 $T_j(j=1,2,\cdots,n)$ 表示。取以下 5 个等级加以表示：

1:表示工程技术水平低；

2:表示工程技术水平一般;

3:表示工程技术水平已经达到行业高级水平;

4:表示工程技术水平已经达到国内高级水平;

5:表示工程技术水平已经达到国际高级水平。

故对技术竞争力 $T_j(j=1,2,\cdots,n)$ 进行综合后,获取产品的技术竞争力指数 T,该值也是越大越好,计算公式如下:

$$T = \sum_{j=1}^{n} h_j T_j / 5 \sum_{j=1}^{n} h_j \tag{3.3}$$

综合竞争力指数 C 是市场竞争力指数与技术竞争力指数的乘积。在实际量化评价中,C 值越大越好,计算公式如下:

$$C = MT \tag{3.4}$$

3.1.4 传统QFD方法的局限

虽然QFD方法已获得了大量应用性成功,但是随着该方法被不断深入研究与实践,传统QFD方法暴露出一定的缺陷,主要表现为:

缺陷1:矩阵规模过大,增加了计算的复杂性与耗时性。即使是一个简单的产品设计问题,可能也有大量的用户需求和产品工程技术特性,从而大大增加了质量功能展开问题的复杂性。例如,一个包括20个用户需求和30个产品技术特性的质量屋就需要分析1 000多个关系[140]。若解决较复杂的产品设计问题,质量屋的规模将更加庞大,需要花费大量的时间和精力来构造质量屋[141]。

缺陷2:用户需求获取的完整性与有效性无法保证。用户需求是QFD方法过程中的源头输入要素,但是传统QFD方法构架中并未涉及如何确保用户需求完整性与数据资料来源分析方法,并且用户需求虽然采用一定的比例标度进行重要度量化评价,但是用户需求原始描述存在相似性与不确定性,如何进行需求信息的筛选、评价、优化,最终确保用户需求的精确性与有效性在传统QFD中并无提及。

缺陷3:产品工程技术特性获取的主观性强,主要靠个体工程人员及其经验来确定,且面向人机产品的设计特性很难准确地通过工程人员的知识获取。

缺陷4:QFD方法体系中并未涉及解决创新问题的具体方法与手段。为了提高市场占有率,使用户满意,可以通过QFD有效识别需要解决与改进的产品关键工程特性以及具体冲突问题。此类问题一旦解决便可有效提高用户满意度,从而实现产品创新。但是QFD方法中并未涉及快速实现冲突问题解决的具体方法与手段。

缺陷5:QFD方法体系中并未提供针对多款方案的客观评价方法。通过QFD

可以定位产品开发的关键设计、关键零部件和关键工艺，有效识别与定位创新设计关键，但在产品开发前期设计阶段，针对关键问题的解决往往可产生多款创新方案，然而关于方案的客观优选评价问题，传统 QFD 方法并未提及。

综上所述，QFD 是一个提出创新问题的工具，而不是一个解决创新问题的工具，并在多款方案评价中无法提供所需的科学方法。因此，若要完成设计阶段完整的创新定位、创新方案的产生及方案评价与优选，需要在 QFD 方法的基础上集成多种有效方法，开发包含多学科的集成创新方法模型。

3.2 简化的 QFD 质量屋模型创建与应用[142]

3.2.1 简化的 QFD 质量屋模型创建

针对传统 QFD 的缺陷 1（见 3.1.4 节），提出一种适用于人机产品设计阶段的简化的 QFD 质量屋模型，如图 3.6 所示。其中，CSN_i 代表用户需求，C_i 为用户需求的重要度分值。PDC_j 代表产品设计特性，P_{ij} 表示用户需求 CSN_i 与产品设计特性 PDC_j 之间的相关程度，S_j 代表产品设计特性整体得分。

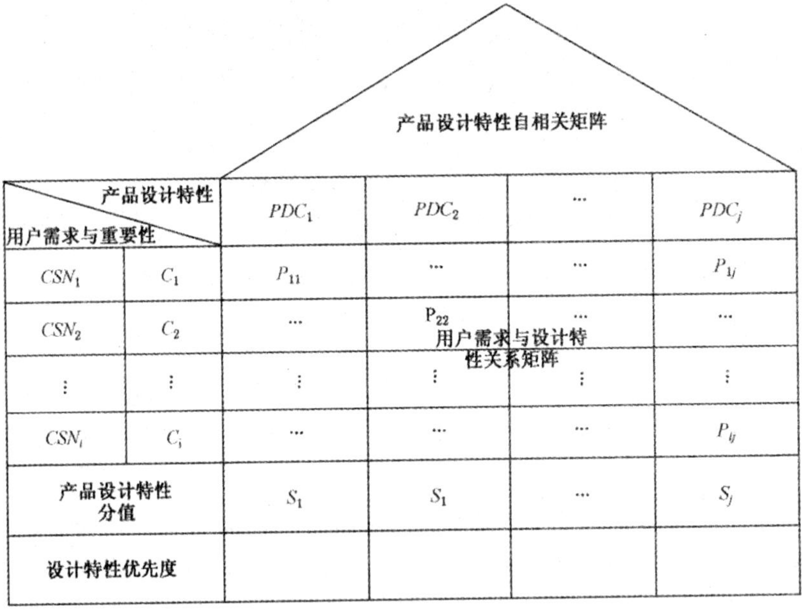

产品设计特性自相关矩阵

产品设计特性 / 用户需求与重要性		PDC_1	PDC_2	…	PDC_j
CSN_1	C_1	P_{11}	…	…	P_{1j}
CSN_2	C_2	…	P_{22} 用户需求与设计特性关系矩阵	…	…
⋮	⋮	⋮	⋮	⋮	⋮
CSN_i	C_i	…	…	…	P_{ij}
产品设计特性分值		S_1	S_1	…	S_j
设计特性优先度					

图 3.6 简化的 QFD 质量屋

简化的 QFD 质量屋构建过程如下所述：

(1) 列入用户需求及重要性；

(2) 列入产品设计特性；

(3) 构建用户需求与设计特性关系矩阵，通过具体数值判定相互关系；

(4) 依据公式(3.5)计算各项产品设计特性分数：

$$S_j = \sum_{i=1} C_i P_{ij} \tag{3.5}$$

其中，C_i 为用户需求的重要性，P_{ij} 表示用户需求与设计特性之间的相关程度；

(5) 依据产品设计特性分数高低对其进行优先度排序；

(6) 以“+”与“−”确立产品设计特性正负相关性。

3.2.2 面向简化的质量屋矩阵汽车设计优先度分析

现从汽车外观形态设计角度，应用简化的质量屋矩阵进行汽车形态设计优先度分析。

3.2.2.1 用户需求获取及重要性

针对汽车外观形态设计问题，通过三角测量法收集了 24 项用户需求原始描述，如表 3.1 所示。专家将重复与相似的指标进行初级筛选，确立 6 项用户需求，如表 3.2 所示。设定 60 份问卷进行用户满意需求重要性评价。为了提高问卷信度，一方面，将问卷发放给 40 位设计专家、10 位经验型用户与 10 位无经验型用户，年龄跨度在 18～70 岁之间，共包括 30 位女性与 30 位男性。另一方面，采用 SPSS 软件计算 6 项用户满意需求的均值、标准差及 Cronbach’s Alpha 系数，如表 3.3 所示。各项属性的 Alpha＞0.7，符合信度要求。但是，功能需求的 ltem-correlation＜0.4，因此将其删除，从而确保数据的有效性。最终获得用户需求优先度评级如表 3.4 所示。

表 3.1　用户需求原始描述

24 项用户需求原始描述							
流线型	比例合适	好看	前脸美观	唤起愉悦感	民族文化	功能与形式统一	整体与局部协调
比例协调	个性化	象征	时尚	彰显品位	女性柔美	男性阳刚	造型语意
简洁	时代感	设计美学	可爱型	高情感	现代感	仿生	硬朗型

表 3.2　用户需求初级筛选

需求	原始描述项	需求	原始描述项
美学需求	2/3/4/8/9/19/	功能需求	7
象征需求	6/11/13/16/23	吸引度需求	10/12
情感需求	5/17/21	款风需求	1/14/15/18/20/22/24

表 3.3 用户需求重要性数理统计结果

用户满意需求	Mean	SD.	Item-total correlations	Alpha if Item deleted	用户满意需求	Mean	SD.	Item-total correlations	Alpha if Item deleted
美学需求	4.57	0.53	0.725	0.925	功能需求	3.27	1.23	0.347	0.764
象征需求	4.13	1.17	0.516	0.833	吸引度需求	3.25	0.77	0.643	0.712
情感需求	3.93	0.63	0.703	0.887	款风需求	4.53	0.95	0.597	0.847

表 3.4 最终用户需求优先度

排序	用户需求	重要性	排序	用户需求	重要性
1	美学需求	4.57	4	情感需求	3.93
2	款风需求	4.53	5	吸引度需求	3.25
3	象征需求	4.13			

3.2.2.2 汽车设计特性确立

汽车外观包含了四个形态特征群，依次为前视、侧视、后视、顶视特征群。每个特征群中包含的主要设计特性如表 3.5 所示。

表 3.5 汽车形态特征群及主要设计特性

前视特征群	侧视特征群	后视特征群	顶视特征群
1.前车窗尺度与形态	7.车门开启形式	16.车后窗尺度与形态	20.天窗尺度
2.前车灯形态语意	8.腰线曲率	17.车后灯形态语意	21.车顶视轮廓
3.进气格栅形态	9.车侧窗尺度与形态	18.车后视轮廓	
4.引擎盖曲面走势	10.后视镜	19.车后视曲面走势	
5.前脸形态语意	11.车门把手形式		
6.车前视轮廓	12.车侧视轮廓		
	13.车侧视曲面走势		
	14.车裙摆线方位		
	15.车侧灯形态与方位		

3.2.2.3 最终汽车设计特性优先度

依据简化的质量屋矩阵进行汽车外观形态用户需求与设计特性相关矩阵构建，获得最终设计特性优先度如图 3.7 所示。通过整理得到汽车设计特性优先度如表 3.6 所示。

用户满意需求	重要度	汽车造型设计特性																				
		1 前车窗尺度与形态	2 前车灯形态语意	3 进气格栅形态	4 引擎盖曲面走势	5 前脸形态语意	6 车前视轮廓	7 车门开启形式	8 腰线曲率	9 车侧窗尺度与形态	10 后视镜	11 车门把手形式	12 车侧视轮廓	13 车侧视曲面走势	14 车裙摆线方位	15 车侧灯形态与方位	16 车后窗尺度与形态	17 车后灯形态语意	18 车后视轮廓	19 车后视曲面走势	20 天窗尺度	21 车顶视轮廓
美学需求	4.57	3	3	5	3	5	5		5	5		1	5	3	3		1	3	3	1	1	1
款风需求	4.53				5	5	3	5	5				3	5	5				3	5		1
象征需求	4.13		5	3		5												5				
人机需求	3.93	5						5		5	5	3				5	5				5	
吸引度需求	3.25	3	3	3	5	3	3	5	3	3	1	1	3	3			1	1	3	3		1
设计特性得分		43.11	44.11	44.99	52.61	76.9	45.19	58.55	55.25	42.25	22.9	19.61	46.19	46.11	36.36	19.65	27.47	37.61	37.05	36.97	24.22	12.35
设计特性配先度		10	9	8	4	1	7	2	3	11	18	20	5	6	15	19	16	12	13	14	17	21

图 3.7　基于质量屋矩阵的汽车设计特性优先度

表 3.6　汽车设计特性优先度

排序	设计特性	分值	排序	设计特性	分值	排序	设计特性	分值
1	前脸形态语意	76.9	8	进气格栅形态	44.99	15	车裙摆线方位	36.36
2	车门开启形式	8.55	9	前车灯形态语意	44.11	16	车后窗尺度与形态	27.47
3	腰线曲率	55.25	10	前车窗尺度与形态	43.11	17	天窗尺度	24.22
4	引擎盖曲面走势	52.61	11	车侧窗尺度与形态	42.25	18	后视镜	22.9
5	车侧视轮廓	46.19	12	车后灯形态语意	37.61	19	车侧灯形态与方位	19.65
6	车侧视曲面走势	46.11	13	车后视轮廓	37.05	20	车门把手形式	19.61
7	车前视轮廓	45.19	14	车后视曲面走势	36.97	21	车顶视轮廓	12.35

综上所述，汽车设计特性中的前脸形态语意、车门开启形式、腰线曲率、引擎盖曲面走势、车侧视轮廓、车侧视曲面走势、车前视轮廓、进气格栅形态、前车灯形态语意、前车窗尺度与形态、车侧窗尺度与形态等排序位居前列，具有较高的设计优先度，是汽车外观形态设计的关键设计区域。通过简化的质量屋矩阵能够客观而准确地确立设计特性优先度。

3.3　人机产品创新设计关键定位集成模型 E/QFD 创建

3.3.1　E/QFD 集成模型创建

在 2.2 节中提出的基于 E 理论的人机产品用户需求优先度评价模型可以有效

弥补传统QFD的缺陷2、缺陷3(见3.1.4节),因此,将该模型方法与简化的质量屋模型集成,构建面向人机产品创新设计关键定位的集成模型E/QFD,如图3.8所示。通过该模型构建人机产品用户需求与人机产品设计特性的转换关系,获取人机产品关键设计特性、设计特性优先度与设计特性冲突,从而进行人机产品关键创新问题与关键设计区域定位,获取准确的创新突破点。在E/QFD集成模型中,包括两个方法子模型,分别是基于E的用户需求评价模型与简化的QFD质量屋模型。

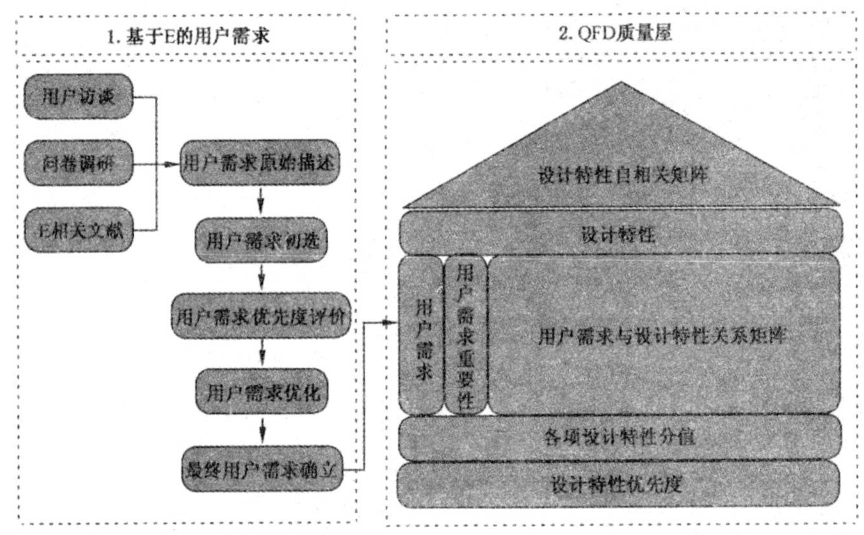

图3.8 人机产品创新设计关键定位集成模型E/QFD

集成模型E/QFD的具体实施流程如下所述:

步骤1:基于三角测量法的用户需求原始描述;

步骤2:用户需求初选;

步骤3:基于李克特5点量表法的用户需求优先度评价;

步骤4:基于因子分析的用户需求数据优化;

步骤5:最终用户需求评价;

步骤6:用户需求与设计特性关系构建;

步骤7:构建质量屋确立设计特性优先度与正负相关性;

步骤8:关键创新问题与关键设计区域确立。

以上8个步骤中,步骤1至步骤5已在第2.3节中具体阐述,此处不再论述。下文主要针对步骤6至步骤8的相关方法进行描述。

3.3.2 用户需求与设计特性关系构建

构建用户需求与设计特性相互关系矩阵是应用质量屋的核心内容之一。因此，确定用户需求与设计特性间的映射转化关系是构建关系矩阵的前提，其转化模型如图 3.9 所示。可参照此模型映射方向，全面获取设计特性。具体实施过程：通过 2.2 节所述方法准确获取三类人机用户需求，即人机效能需求、人机交互需求及人机情感需求，依据各项用户需求，确定满足用户需求的可测量和可操作的人机产品设计特性。该环节由若干工业设计师与 E 专家根据专业知识与用户需求提炼得出。将公信度高的设计特性，即被半数以上专家共同认可的设计特性保留，反之则直接排除，避免造成设计分析过程的复杂性。

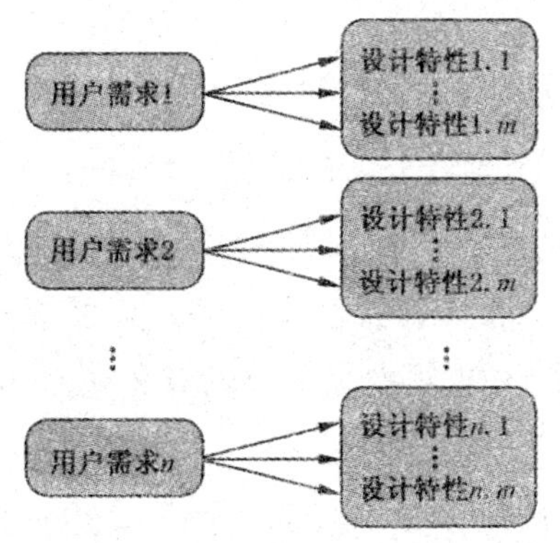

图 3.9 用户需求与设计特性转化模型

设计特性确定后，需要判定每个设计特性对所有用户需求的影响程度。用户需求与设计特性之间可能存在互相影响、互相促进或不相关等关系。用户需求与设计特性关联关系的强度对 QFD 的最终分析结果影响重大。传统 QFD 方法常采用 0,1,3,9 来表示用户需求与设计特性之间的不相关、弱相关、中相关和强相关关系。但有学者认为此比例标度并非在用户需求与产品工程特性的关系描述上最具有可靠性。学者顾立白分别应用 0,1,3,9;0,1,4,9;0,1,5,9;0,1,6,9;0,1,3,5 与 0,1,2,4 共六种比例标度，针对 10 个不同产品的质量屋进行最具可靠性比例标度统计验证，最终得出 0,1,3,5 标度在用户需求与产品工程特性关系的描述上最具可靠性[143]。因此，本书研究亦采用 0,1,3,5 比例标度判定用户需求与设计特性间的相互关系，依次表示不相关、弱相关、中相关和强相关关系。

3.3.3 构建质量屋确立设计特性优先度与正负相关性

如图 3.6 所示，简化的质量屋结构与传统质量屋(如图 3.3 所示)相比较，一方面将产品工程技术特性替换为产品设计特性，直接通过用户需求与产品设计特性关系矩阵可以获取设计优先度,它是所有与之相关的用户需求对其影响的综合;另一方面,通过产品设计特性自相关分析,确立产品设计特性之间的正负相关性。因此,提出依据构建简化质量屋的6个过程,实施具体人机产品质量屋的构建。

位于简化的质量屋屋顶的自相关矩阵描述了各项设计特性之间的相互关系,设计特性之间可能存在正相关(相互促进)、负相关(相互阻碍)或不相关三种关系。根据自相关关系的强度,传统QFD采用0,±1,±3,±9来表示不相关、正负弱相关、正负中相关和正负强相关关系。然而,在本研究中,仅需要确立具有正负相关性的设计特性。若提高或改进某一设计特性,导致另一设计特性提高或改进,可判断此设计特性之间存在正相关,并用“+”表示。反之,导致另一设计特性下降或恶化,可判断此设计特性之间存在负相关,并用“-”表示。

3.3.4 关键创新问题与关键设计区域确立

在E/QFD集成模型中,将基于E理论的用户需求评价模型集成于简化的质量屋中,确保了用户需求源头信息输入的完整性与可靠性。同时,保证了用户需求向设计特性映射转化的准确性。设计特性优先度评价方法能够反映所有与其相关的用户需求的综合影响。因此,具有高优先度的设计特性成为设计师着重考虑的关键设计区域。

另外,通过设计特性正负相关性的分析,重点识别负相关性,可以确立设计特性间的冲突问题。依据设计冲突寻找设计突破口,从而定位关键创新问题。故最终参照设计特性优先度与设计负相关进行人机产品创新设计关键定位。

3.4 本章小结

传统QFD方法可以将用户需求有效转化到产品设计过程中,通过该方法与文献研究挖掘其存在的5点缺陷。本章的主要工作是针对传统QFD缺陷1、2、3(见3.1.4节),创建弥补缺陷的模型与方法,得到以下结论:

(1) 构建了简化的QFD质量屋模型与方法。通过汽车形态设计特性优先度分析论证了简化的质量屋矩阵的有效性。

(2) 将基于E理论的用户需求评价模型与简化的QFD质量屋集成,创建了面向人机产品创新设计关键定位的集成模型E/QFD,同时弥补了传统QFD缺陷1、2、3,确保质量屋中用户需求源头信息的完整性与准确性。由工业设计师与E专家群体分析获得高公信度的设计特性,用于构建用户需求与设计特性相关矩阵,利用0、1、3、5比例标度获得用户需求与设计特性的强弱关系,并计算出各项设计特性总分，依据分数排序获得设计特性优先度，从而识别出关键设计区域。利用质量屋屋顶自相关矩阵，分析设计特性正负相关性，将具有负相关性的设计特性作为关键创新问题。

(3) 将通过 E/QFD 模型方法所获得的设计特性优先度及负相关设计特性作为人机产品创新设计关键定位的两方面依据，对实际产品关键创新问题的把握具有重要指导意义，并且在本研究后续实际案例中，可为设计师确立创新突破口提供方向与具体方法指导。

第4章 基于TRIZ理论的人机产品创新设计方案研究

依据第3章创建的人机产品创新设计关键定位集成模型E/QFD，可以确定设计阶段人机产品关键创新问题与关键设计区域，但是如何将关键设计问题转化为能够解决问题的设计方案，需借助有效的创新方法来实施。传统的创新方法会采用折中的思想进行创新，使设计问题最小化以达到创新的目的。然而，在研究TRIZ(Teoriya Resheniya Izobreatatelskikh Zadatch)理论相关文献的基础上发现，该方法在解决设计问题时采用无折中的设计思想，并非使设计问题最小化，而是通过科学的创新方法与工具消除设计中的冲突问题，从而实现设计创新。因此，本章力求将TRIZ理论合理且有效地集成于E/QFD模型中，创建面向人机产品创新设计方案产生的集成模型。

4.1 TRIZ理论

TRIZ理论体系包括6个系统化的创新工具与方法，分别是：技术与需求进化理论、冲突解决原理、物-场分析模型与76项标准解法、发明问题标准算法、科学效应与现象知识库及最终理想解等[144]。本章主要应用技术与需求进化理论、冲突解决原理这两个创新工具与方法进行人机产品的创新设计研究。下面对这两种工具与方法进行概括阐述。

4.1.1 技术与需求进化理论

4.1.1.1 技术系统进化八大法则

TRIZ理论技术系统进化八大法则包含以下几个方面：

(1) S曲线进化法则

TRIZ理论认为产品进化经历出生、成长、成熟、退出四个过程，满足一条S形的曲线特征规律。当一个技术系统经历四个阶段进化后，必然会出现一个新的技术系统来替代原有系统，如此循环替代，形成S形曲线族，如图4.1所示。

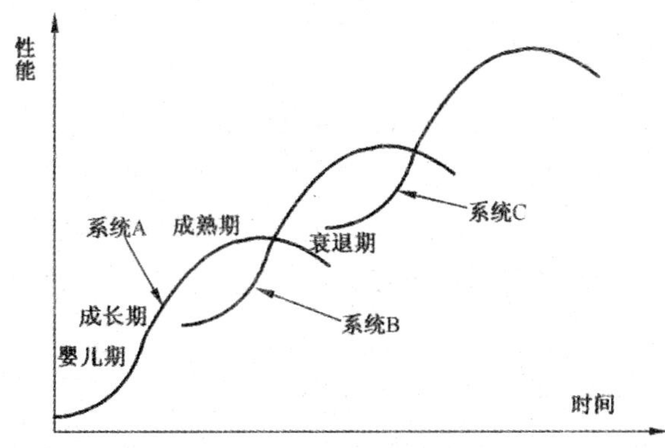

图 4.1　S 曲线族

(2) 增加理想度法则

理想度由系统的有用功能(效应)与有害功能(效应)的比值来描述。若要增加产品系统理想度,需增加系统有用功能(效应),降低系统有害功能(效应)。

(3) 子系统的不均衡进化法则

完美的子系统与不理想的子系统间产生冲突,及时改进不理想的子系统,将提升整个系统的进化阶段。

(4) 增加动态性与可控性进化法则

技术系统的进化方向应趋于可移动性、结构柔性、可控性增加的方向发展。增加系统的动态性与可控性的路径如表 4.1 所示。

表 4.1　提高系统动态性和可控性路径

路径	进化过程
可移动性增强	固定的系统→结构上的系统可变性→随意移动的系统
自由度增加	无动态的系统→结构上的系统可变性→微观级别的系统可变性
可控性增加	无控制系统→直接控制→间接控制→反馈控制→自我调节控制系统
改变稳定度的路径	静态固定系统→有多个固定状态的系统→动态固定系统→多变系统

(5) 提高集成度再进行简化法则

通过集成多个系统以提高系统功能效益,然后再逐渐简化系统。

(6) 子系统协调性进化法则

技术系统的进化是沿着各子系统之间,以及技术系统和其超系统之间更协调的方向发展。进化过程中子系统的匹配和不匹配交替出现,可以改善性能或补偿不足。

(7) 向微观级和场的进化法则

技术系统按照从宏观向微观级、高效场(如热场、磁场、电场、化学场和生物场等复合场)的路径进化,可以促使技术系统具备更好的性能。

(8) 增加自动化进化法则

技术系统向智能化、自动化方向进化,减少或避免机械的、重复的人工介入。

技术系统进化八大法则可应用于获取市场需求、新技术,预测定性技术与技术系统,制定专利布局与企业战略时机等。

4.1.1.2 需求进化定律与需求预测原理

TRIZ需求进化理论认为用户需求处于进化状态,若能确定用户需求进化的规律,可以预测未来的用户需求,从而引导企业开发出领先于竞争对手的新产品。Petro V.[145]在对用户需求变化规律分析的基础上,提出5条需求进化定律:需求进化理想化、动态化、协调化、集成化与专门化定律,并构建需求进化系统,如图4.2所示。需求进化动态化、集成化、专门化通过需求进化协调化实现,需求进化理想化通过需求进化动态化、集成化、专门化实现。

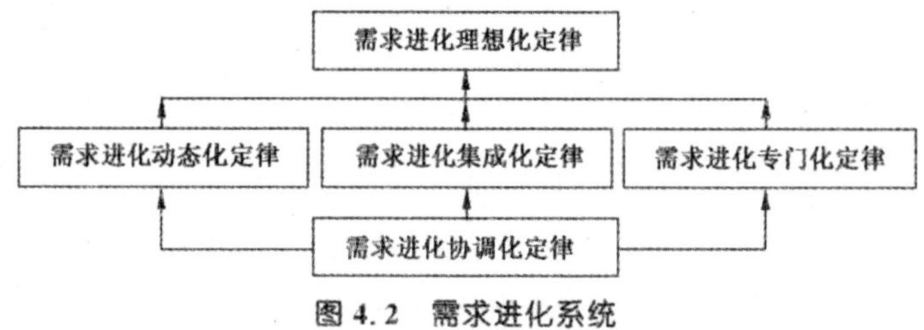

图4.2 需求进化系统

图4.3为基于需求进化定律的需求预测原理,其中,图4.3(a)、(b)分别表示需求预测过程与需求分类。图4.3(a)中横向五个区分别表示需求按5条需求进化定律进化的区域。纵向三个区分别表示已满足的需求区、可通过需求进化定律预测的需求区及通过定律目前不能预测到的需求区。图4.3(b)将需求分别用四个区域表示并分为四类,需求预测的结果主要集中在右上角区域,即用户未提出和未满足的高价值需求。图4.3(a)的预测结果依据图4.3(b)对其分类,并用于后续的创新活动。

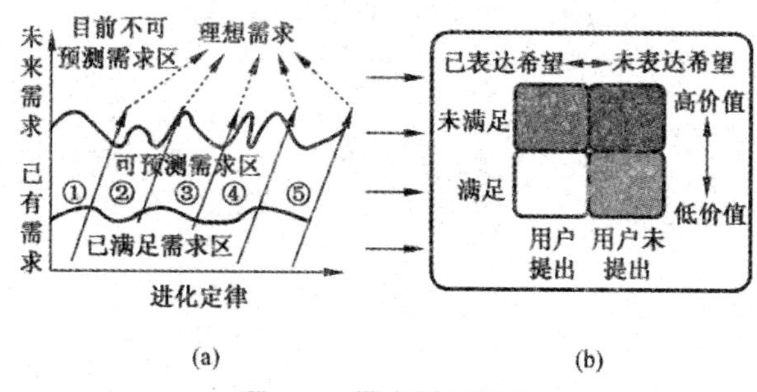

图 4.3　需求预测原理

4.1.1.3　基于 TRIZ 技术与需求进化理论的创新应用[146]

为了准确预测与分析人机产品未来发展趋势，获得用户高满意度的创新概念，依据 TRIZ 技术与需求进化理论，提出未来人机产品创新概念产生流程，如图 4.4 所示。

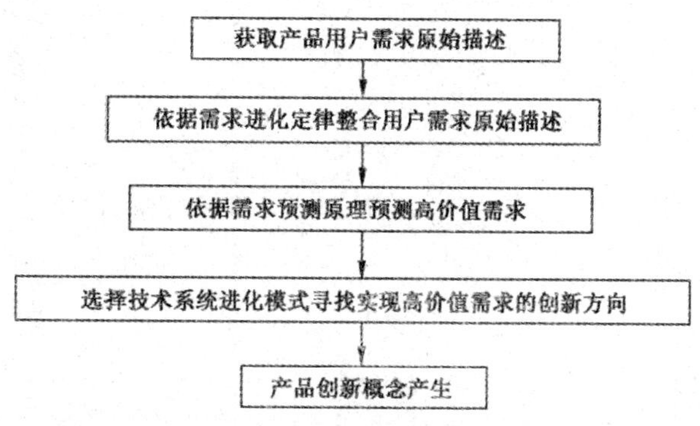

图 4.4　人机产品创新概念产生流程

人机产品创新概念产生的具体实现流程是；

通过专家访谈、问卷调研、文献资料获取用户需求原始描述；

按照 TRIZ 需求进化 5 条定律，对用户需求原始描述逐条分析与整合，分类并归纳出新需求；

根据需求预测原理对新需求进行分类，获取高价值需求用于后续创新；

选择 TRIZ 技术系统进化模式，寻找实现高价值需求的可能创新方向；

依据 TRIZ 进化理论建议路线提出未来人机产品创新概念。

依据人机产品创新概念产生流程，以指甲钳创新设计为例，论证流程方法的可行性。

(1) 获取指甲钳用户需求原始描述

通过文献、问卷调查、专家访谈的形式获取用户对于指甲钳的 47 项需求原始描述，如表 4.2 所示。

表 4.2 指甲钳用户需求原始描述

序号/需求	序号/需求	序号/需求	序号/需求	序号/需求
1. 易用	11. 避免磨损衣物与其他物品	21. 便于残疾人使用	31. 适合不同人群使用	41. 造型美观
2. 操作稳定	12. 抓握舒适	22. 智能型	32. 舒适的操作姿势	42. 耐用
3. 避免滑落	13. 手部免受压痛	23. 制造精良	33. 能唤起愉悦感	43. 无肌肉疲劳
4. 上下刀口剪切距离合适	14. 多功能	24. 大小尺度合适	34. 适合不同厚度的指甲修剪	44. 甲床组织无损伤
5. 抓握摩擦力适中	15. 吸引力	25. 高档	35. 色彩美观	45. 仿生\卡通造型
6. 安全	16. 便携	26. 易于打磨指甲	36. 豪华	46. 便于老年人使用
7. 卫生	17. 具有挫与收纳甲屑的功能	27. 使用不受光线制约	37. 简洁	47. 便于婴幼儿剪甲
8. 健康指甲与病甲的分离修剪	18. 修剪精准	28. 可以修剪较厚的指甲	38. 个性化	
9. 合适的刀头宽度	19. 不会剪伤手	29. 省力	39. 锋利	
10. 轻巧	20. 手柄形态美观	30. 易于清洁	40. 避免修剪时甲屑肆意乱溅	

(2) 依照 TRIZ 需求进化定律整合用户需求原始描述

依据需求进化定律对用户需求原始描述进行系统整合与分类。用“-”相连的编号代表相近或相似的用户需求编号。通过分类与归纳确立指甲钳 13 项新用户需求,如表 4.3 所示。

表 4.3 用户需求原始描述整合

需求进化 5 定律	13 项新用户需求
需求进化理想化	①安全使用 2-3-5-6-19-44②卫生 7-8-30③高性能 18-39-42
需求进化动态化	④智能型 22-21-31-46-47⑤多功能 14-17-40
需求进化集成化	⑥吸引力 15-20-25-33-35-36-37-38-41-45⑦便携 16-11
需求进化专门化	⑧残疾人专用 21⑨老年人专用 46⑩婴幼儿专用 47
需求进化协调化	⑪易用 1-9-10-26-27-29⑫通用 4-28-34⑬舒适 12-13-24-29-32-43

(3) 根据需求预测原理预测高价值需求

将 13 项新用户需求通过需求预测原理进行需求分类,如图 4.5 所示。位于右上角区域的 6 项用户需求为用户未提出和未满足的高价值需求,分别是:通用、智能、卫生、多功能、老年人专用与残疾人专用。

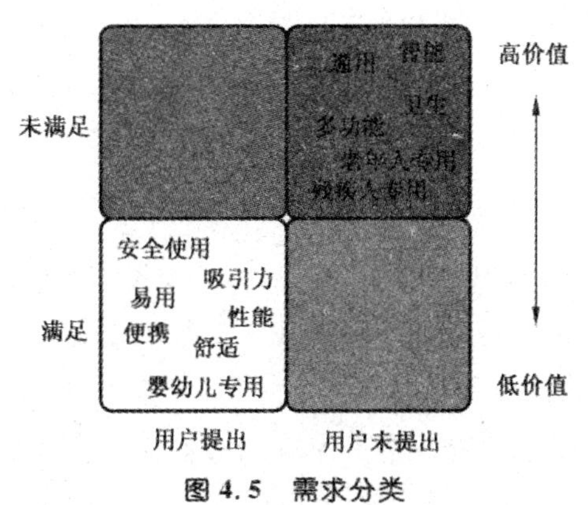

图 4.5　需求分类

(4) 选择技术系统进化模式探索实现新需求的创新方向

针对指甲钳的 6 项高价值用户需求,依据的技术系统进化八大法则,寻找可以满足高价值用户需求的创新方向。例如,中老年人指甲由于新陈代谢缓慢,角质层增厚,导致指甲厚度增厚,尤其是拇指指甲厚度是正常成人指甲厚度的 3～5 倍,普通指甲钳上下刀口间距远小于增厚的指甲,无法实现修剪,依据进化法则 4,即增加动态性及可控性,提出可调节刀口距离的指甲钳设计概念,方便不同厚度指甲的修剪。为满足老年人、残疾人等抓握能力不强的人进行指甲修剪,依据进化法则 8,即增加自动化程度,提出老年人、残疾人专用电动打磨型修甲器。针对智能型指甲钳需求,依据进化法则 7,即系统由宏观向微观进化,提出可实现对指甲形态、颜色、组织结构的智能扫描与检测,警示人体潜在健康隐患的具有监测警示功能的智能型指甲钳。针对多功能需求,依据进化法则 5,即技术集成以增加系统功能,提出集成 LED 灯头的照明型指甲钳,实现较暗环境中的安全使用。为了满足卫生、通用修剪的需求,依据进化法则 2,即增加理想化水平,提出双刀头指甲钳,实现手指甲与脚趾甲,或健康指甲与病甲(如灰指甲)的分离修剪,防止存留在刀口的细菌传播到健康指甲上。

(5) 指甲钳创新概念产生

依据技术系统进化模式与需求进化定律,结合上文分析论述,产生指甲钳未来开发的创新概念:

概念 1:可调节刀口距离的指甲钳;

概念 2:老年人、残疾人专用电动打磨型修甲器;

概念 3:具有监测警示功能的智能型指甲钳;

概念 4:集成 LED 灯头的照明型指甲钳;

概念 5:双刀头指甲钳。

综上所述,人机产品创新概念产生流程为产品创新预测提供了具体的方法过程,以获取用户需求为源头,将 TRIZ 技术系统进化模式与需求进化定律相结合,产生人机产品创新概念,为产品下阶段的开发提供创新方向。

4.1.2 冲突解决原理

TRIZ 理论冲突解决原理的具体实施包含 40 项发明原理、39 个通用工程参数、技术冲突与冲突矩阵、物理冲突与分离原理的有效应用。

4.1.2.1 40 项发明原理

Altshuler 在对全球 250 多万个发明专利分析研究的基础上,提出了 40 项发明原理,如表 4.4 所示。发明原理给工程设计人员提供了产品改进的具体建议与方法思路。每项原理的编号与下文将要介绍的分离原理、冲突矩阵中的编号相互对应。

表 4.4 40 项发明原理

序号	名称	序号	名称	序号	名称	序号	名称
1	分割	11	预补偿	21	紧急行动	31	多孔材料
2	分离	12	等势性	22	变有害为有利	32	改变颜色
3	局部质量	13	反向	23	反馈	33	同质性
4	不对称	14	曲面化	24	中介物	34	抛弃与修复
5	合并	15	动态化	25	自服务	35	参数变化
6	多用性	16	未达到或超过的作用	26	复制	36	状态变化
7	套装	17	维数变化	27	低成本、不耐用的物体代替昂贵、耐用的物体	37	热膨胀
8	质量补偿	18	振动	28	机械系统的替代	38	加速强氧化
9	预加反作用	19	周期性作用	29	气动与液压结构	39	惰性环境
10	预操作	20	有效作用的连续性	30	柔性壳体或薄膜	40	复合材料

4.1.2.2 39 个通用工程参数

TRIZ 理论提炼出适用于工程领域的用以描述系统性能的 39 个通用工程参数。在 TRIZ 一般问题的界定过程中,选择与 39 个通用工程参数中相匹配的参数来描述实际系统的性能，可以有效实现将实际的具体问题利用 TRIZ 的通用语言来表达。具体 39 项工程参数及其具体描述如表 4.5 所述。

表 4.5　39 项通用工程参数

通用参数名称	参数描述
1. 运动物体的重量	在重力场中运动物体所受到的重力。如运动物体作用于其支撑或悬挂装置上的力。
2. 静止物体的重量	在重力场中静止物体所受到的重力。如静止物体作用于其支撑或悬挂装置上的力。
3. 运动物体的长度	运动物体的任意线性尺寸，不一定是最长的，都认为是其长度。
4. 静止物体的长度	静止物体的任意线性尺寸，不一定是最长的，都认为是其长度。
5. 运动物体的面积	运动物体内部或外部所具有的表面或部分表面的面积。
6. 静止物体的面积	静止物体内部或外部所具有的表面或部分表面的面积。
7. 运动物体的体积	运动物体所占有的空间体积。
8. 静止物体的体积	静止物体所占有的空间体积。
9. 速度	物体的运动速度、过程或活动与时间之比。
10. 力	两个系统之间的相互作用，是试图改变物体状态的任何作用。
11. 应力或压力	单位面积上的力。
12. 形状	物体外部轮廓或系统的外貌。
13. 结构的稳定性	系统的完整性及系统组成部分之间的关系。磨损、化学分解及拆卸都降低稳定性。
14. 强度	物体抵抗外力作用使之变化的能力。
15. 运动物体作用时间	运动物体完成规定动作的时间、服务期。
16. 静止物体作用时间	静止物体完成规定动作的时间、服务期。
17. 温度	物体或系统所处的热状态，包括其他热参数，如热容量。
18. 光照度	单位面积上的光通量，系统的光照特性，如亮度、光线质量。
19. 运动物体的能量	能量等于力与距离的乘积。能量也包括电能、热能及核能等。
20. 静止物体的能量	能量等于力与距离的乘积。能量也包括电能、热能及核能等。
21. 功率	单位时间内所做的功，即利用能量的速度。
22. 能量损失	为了减少能量损失，需要不同的技术来改善能量的利用。

续表 4.5

通用参数名称	参数描述
23. 物质损失	部分或全部、永久或临时的材料、部件或子系统等物质的损失。
24. 信息损失	部分或全部、永久或临时的数据损失。
25. 时间损失	减少一项活动所花费的时间。
26. 物质或事物的数量	材料、部件及子系统等的数量。
27. 可靠性	系统在规定的方法及状态下完成规定功能的能力。
28. 测试精度	系统特征实测值与实际值之间的误差。减少误差将提高测试精度。
29. 制造精度	系统或物体的实际性能与所需性能之间的误差。
30. 物体外部有害因素作用的敏感性	物体对受外部或环境中的有害因素作用的敏感程度。
31. 物体产生的有害因素	有害因素将降低物体或系统的效率，或完成功能的质量。
32. 可制造性	物体或系统制造过程中简单、方便的程度。
33. 可操作性	操作应需要较少的操作者、步骤以及使用尽可能简单的工具。
34. 可维修性	对于系统可能出现失误所进行的维修要时间短、方便和简单。
35. 适应性及多用性	物体或系统响应外部变化的能力，或应用于不同条件下的能力。
36. 装置的复杂性	系统中元件数目及多样性。
37. 监控与测试的困难程度	如果一个系统复杂、成本高、需要较长的时间建造及使用，或部件与部件之间关系复杂，都会使得系统的监控与测试困难。
38. 自动化程度	系统或物体在无人操作的情况下完成任务的能力。
39. 生产率	单位时间内所完成的功能或操作数。

4.1.2.3 技术冲突与冲突矩阵

技术冲突是指提高某一种功能或系统特性时，导致另一个系统特性的恶化。该冲突可以采用 39 个通用工程参数来表达。将 40 项发明原理用于技术冲突的解决，并构成冲突矩阵，如图 4.6 所示。矩阵的行表示的工程参数为冲突中恶化的一方，列描述的工程参数是改善的一方，各参数交叉处对应着所推荐的创新原理编号。

使用冲突矩阵表时，先从矩阵的第一列找出“欲改善的参数”，再从矩阵的第一行找出“避免恶化的参数”，对照得到冲突矩阵表中的元素，元素中的数字就是冲突矩阵表建议解决此冲突可以采用的发明原理编号，再对照具体发明原理方法进行实际冲突问题的消除。

恶化的参数 / 改善的参数		运动物体的重量	静止物体的重量	运动物体的长度	静止物体的长度	运动物体的面积	…	生产率
		1	2	3	4	5	…	39
1	运动物体的重量		–	15,8,29,34	–	29,17,38,34	…	35,3,24,37
2	静止物体的重量	–		–	10,1,29,35	–	…	1,28,15,25
3	运动物体的长度	15,8,29,34	–		–	15,17,4	…	14,4,28,29
4	静止物体的长度	–	35,28,40,29	–		–	…	30,14,27,26
5	运动物体的面积	2,14,29,4	–	14,15,18,4	–		…	10,26,34,2
…	…	…	…	…	…	…	…	…
37	监控与测试的困难程度	27,26,28,13	6,13,28,1	1,19,26,24	26	2,13,18,17	…	35,18
38	自动化程度	28,26,18,35	28,26,35,10	14,13,28,37	23	17,14,13	…	–
39	生产率	35,26,24,27	28,27,15,3	18,4,28,38	30,7 14,26	10,26 34,31	…	

图 4.6 冲突矩阵

4.1.2.4 物理冲突和分离原理

物理冲突指为了实现某一种功能，系统在具有一种特性的同时，将出现与该特性相反的特性。例如：系统的某个参数既要大又要小、既要高又要低、既要快又要慢等。Altshuler 对常用参数进行归纳总结，将物理冲突分为材料及能量、几何和功能三类，并提出利用四大分离原理所包含的 11 种分离方法化解物理冲突。该分离原理如表 4.6 所示。

表 4.6 分离原理

分类	编号	名称	内容	相关的发明原理编号
空间分离	1	冲突特征的空间分离	从空间上进行整体或子单元的分离	No. 1，No. 2，No. 3，No. 7，No. 13，No. 17，No. 24，No. 26，No. 30
时间分离	2	冲突特征的时间分离	从时间上进行整体或子单元的分离	No. 9，No. 10，No. 11，No. 15，No. 16，No. 18，No. 19，No. 20，No. 21，No. 29，No. 34，No. 37

续表 4.6

分类	编号	名称	内容	相关的发明原理编号
整体与部分分离	3	单元转换 a-1	将相同类型或不同类型单元与附加单元结合	No. 12，No. 28，No. 31，No. 32，No. 35，No. 36，No. 38，No. 39，No. 40
	4	单元转换 a-2	将单元向相反方向转换，或将单元与其反方向的部分结合	
	5	单元转换 a-3	单元具有一种特征，其子单元可能有其相反的特征	
	6	单元转换 a-4	改变单元的部分特征或所处的环境	
条件分离	7	相变 a	改变单元的部分特征或所处的环境	No. 1，No. 7，No. 25，No. 27，No. 5，No. 22，No. 23，No. 33，No. 6，No. 8，No. 14，No. 25，No. 35，No. 13
	8	相变 b	单元由一种状态转变为其他状态	
	9	相变 c	利用单元状态转换所产生的现象或效应	
	10	相变 d	以具有两种状态的单元替换具有一种状态的单元	
	11	物理-化学转换	利用物理和化学的作用使单元的状态改变或转化	

综上所述，冲突解决原理利用冲突分析，确定冲突的具体类型是属于物理冲突还是技术冲突。对于不同的冲突，TRIZ 理论提供了不同的冲突解决工具，如图 4.7 所示。

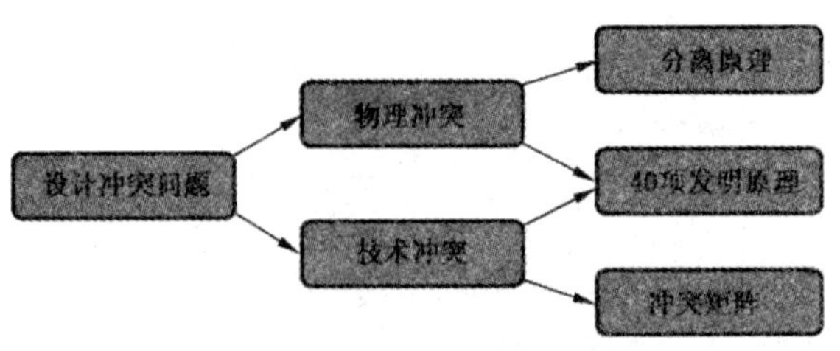

图 4.7 解决不同冲突对应的 TRIZ 工具

由图 4.7 可知，解决物理冲突依据分离原理，遵循空间分离、时间分离、条件分离和整体与部分相分离四种分离方法。针对每种分离方法提供了推荐发明原理编号，选择合适的发明原理应用到实际创新设计问题上，从而解决物理冲突。对于解决技术冲突，查找 Altshuler 冲突矩阵，获得所推荐发明原理编号，同样选择合适的发明原理应用到实际创新设计问题上，从而解决技术冲突。因此，TRIZ 冲突解决原理旨在努力寻求突破性方法消除冲突，实现无折中设计。

4.1.3　TRIZ 理论解决问题的一般过程

TRIZ 理论解决问题的一般过程可描述为：首先，将实际具体设计问题转化为 TRIZ 问题，并用 TRIZ 的原理和工具去寻求问题的通用解；然后，利用通用解去分析和解决实际问题，从而有效获得具体设计问题的解，如图 4.8 所示。

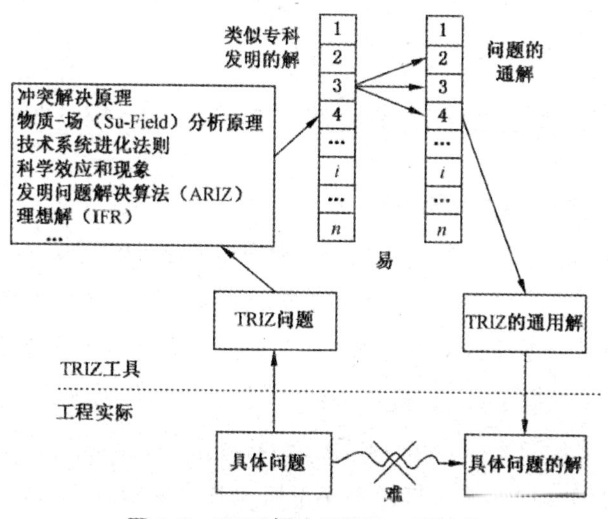

图 4.8　TRIZ 解决问题的一般过程

4.1.4　传统 TRIZ 理论的局限

TRIZ 理论在各个领域已得到广泛推广与应用，但是其自身仍存在一些不足，可归纳为以下几点：

缺陷 1：TRIZ 理论无法识别准确的创新问题，未提供确定关键创新问题的方法。

设计研究与实践表明，TRIZ 理论主要解决产品设计过程中出现的问题，从而达到创新。但是，对于如何去发现这些问题，准确地获取创新问题，特别是从用户需求角度出发获取设计中存在的瓶颈问题，却没有提供具体的方法和工具。因此，可能导致最终的创新设计结果无法满足用户与市场需求。

缺陷2:TRIZ理论对于人机产品设计方案的解决,缺少相关人机设计指导原理。

TRIZ理论的初衷是构建客观而科学的产品创新设计方法,强调整个设计过程不依赖任何经验与主观因素。然而,在利用TRIZ理论进行产品创新设计时,仍需要设计人员具备解决设计问题的知识、能力与水平,但是对于人机设计相关问题的解决,缺少客观的人机设计指导原理知识储备。

缺陷3:TRIZ理论未提供针对多款创新设计方案的评价方法。

在应用TRIZ理论的创新工具与方法解决实际问题时,常会获得多个备选的创新原理,进一步可产生多个可行的解决问题的创新方案。然而,在产品开发的有限资源约束下,如何选出最优化的产品创新方案,如何解决方案评价时的复杂性与不确定性问题,实现科学、客观且准确的决策机制,传统的TRIZ理论体系中并未提供。

4.2 人机产品创新方案产生集成模型E/QFD/TRIZ创建

4.2.1 E/QFD/TRIZ集成模型构建

在第3章中将基于E理论的人机产品用户需求评价模型有效融入改进的QFD质量屋模型中,创建了适用于人机产品开发前期设计阶段的创新设计关键定位模型E/QFD,可以准确获取以用户需求为源头的人机产品创新设计关键问题与关键设计区域。其有效弥补了传统QFD方法的缺陷1、缺陷2、缺陷3(见3.1.4节)。针对创新设计方案的产生,E/QFD模型在创新方案的具体实施方面并未涉及具体的创新方法与思路,因此,无法借助该模型实现具体创新方案的快速产生。然而,TRIZ理论提供了强大的产品创新工具与方法,可以有效消除创新设计的瓶颈问题,实现快速创新的目的。从而既可以弥补传统QFD方法的缺陷4(见3.1.4节),又可以消除TRIZ理论缺陷1(见4.1.4节)。本节重点将TRIZ理论的主要创新工具,即40项发明原理、冲突矩阵、分离原理,融入E/QFD模型中,构建了面向人机产品方案快速产生的E/QFD/TRIZ集成模型,如图4.9所示。该集成模型包括3个方法子模型,分别是基于E理论的用户需求获取与评价模型、简化的QFD质量屋模型与TRIZ理论解决问题模型。

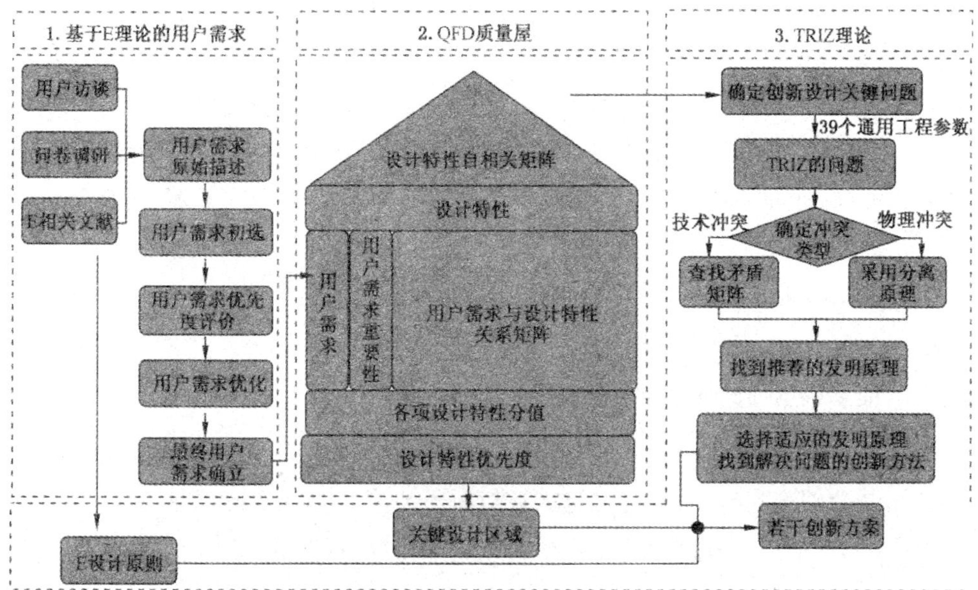

图 4.9　人机产品创新方案产生集成模型 E/QFD/TRIZ

E/QFD/TRIZ 集成模型的具体实施步骤为：

步骤 1：基于三角测量法的用户需求原始描述；

步骤 2：用户需求初选；

步骤 3：基于 5 点量表法的用户需求优先度评价；

步骤 4：基于因子分析方法的用户需求优化；

步骤 5：最终用户需求评价；

步骤 6：用户需求与设计特性关系构建；

步骤 7：构建质量屋确立设计特性优先度与正负相关性；

步骤 8：关键创新问题与关键设计区域确立；

步骤 9：关键创新问题与 TRIZ 问题转化；

步骤 10：关键创新问题的冲突分析与消除；

步骤 11：具体创新方案产生。

以上 11 个步骤中，步骤 1 至步骤 8 已在第 2.3 与 3.3 节中具体阐述，此处不再论述。下文主要针对步骤 9 至步骤 11 的相关方法进行描述。

4.2.2　关键创新问题与 TRIZ 问题转化

通过质量屋屋顶负相关设计特性分析，可以获取设计过程中来源于用户需求的关键创新问题。对于关键创新问题的解决，即如何解决负相关设计特性之间存在的冲突问题，是突破创新瓶颈的关键，可以促进创新设计目的的实现。但是依据何种具体方法与工具解决该问题，在质量屋分析中并无具体介绍。由于 TRIZ 理论能够提供消除冲突问题的方法与工具，借助该理论体系中的冲突解决原理以及 40 项发明原理、冲突矩阵、分离原理三种主要工具可以有效实现冲突问题的消除。在实际运用中，首先需要借助 TRIZ 理论的 39 个通用工程参数构建实际关键创新问题与 TRIZ 问题的转化关系。将关键创新问题涉及的具体冲突，即具有负相关性的产品设计特性，与 39 个通用工程参数中相同或相近的参数建立对应关系，从而为利用 40 项发明原理、冲突矩阵、分离原理解决技术或物理冲突问题做好准备。

4.2.3 关键创新问题冲突分析与消除

人机产品关键创新问题的冲突解决，依据冲突解决原理中冲突矩阵化解技术冲突、分离原理消除物理冲突的思路，获取解决冲突的有效发明原理，可以为创新设计方案的产生提供具体且行之有效的创新思路与方法，从而加速创新设计的进程，缩短创新设计的周期。

利用 TRIZ 发明原理、冲突矩阵、分离原理解决设计冲突的流程图如图 4.10 所示，其过程可描述为：首先分析待解决的创新设计关键问题，运用 39 个通用工程参数中和该问题相对应的产品设计特性来表述待解决的问题，即将实际的关键创新问题转化为 TRIZ 问题；其次确定该 TRIZ 问题是技术冲突还是物理冲突，若是技术冲突，利用冲突矩阵寻找 TRIZ 推荐的发明原理；若是物理冲突，利用分离原理寻找 TRIZ 推荐的发明原理；最后，根据实际的关键创新问题，选择相适应的发明原理找到解决问题的具体创新方法，从而消除冲突。

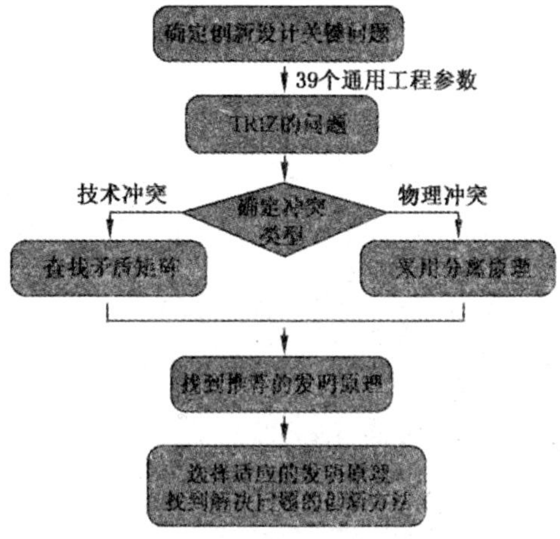

图 4.10 解决设计冲突流程图

4.2.4 具体创新方案产生

在具体创新方案的产生过程中，主要以第 2.2.2 节阐述的 E 设计原则指导设计，并结合关键设计区域与具体创新方法，进行方案的具体设计。具体创新方案的产生是将创新概念图形化的过程，包含了通过何种具体化的设计结构、外观、色彩、材料、审美、风格与情感元素、细节与整体等，来实现人机产品在人机效能、人机交互、人机情感三方面用户需求的视觉化形式。因此，此过程产生的方案将呈现多样化的形式。另外，E 设计原则可以有效指导关键设计区域的设计结构、比例、尺度、形态、色彩、功能划分等设计元素符合人机设计思想，力求使设计方案符合人的生理与心理需求，提高生产、生活或工作的效能，具有安全、愉悦、舒适、易学、易用、环保、节能的特征，并彰显美观宜人的人机设计。同时，E 设计原则的引入能够克服 TRIZ 理论的缺陷 2(见 4.1.4 节)，即缺少相关人机设计指导原理。因此，E 设计原则可为设计人员提供科学的设计指导，降低方案的随意性，促使设计方案更具科学性。

创新方案的产生是将前期准确的数据分析结果、科学的创新方法、有效的指导原则与思想、设计师的专业知识相互结合，通过手绘草图与计算机辅助图形设计的形式展现出来。方案手绘草图绘制是设计阶段创新概念与设计思想转化为设计图纸的最初展现形式，应具备准确的产品造型透视规律、空间感，线条表现力、流畅度，简明的结构细部与整体造型设计快速表现，色彩与材料及使用方式的再现，从而保证设计概念简明快速且全面准确的呈现。借助计算机辅助图形设计的方案展示，主要依据相关设计软件再现设计理念，如可以通过二维矢量绘图软件 Adobe Inllustrator、CorelDRAW 表现产品三维设计方案，或应用三维建模软件 3D max、Rhino、Proe、UG 构建设计方案三维效果图。

4.3 E/QFD/TRIZ 集成模型在人机洗浴设施创新中的应用[147]

据调研：一般在地震后对灾民安置时，灾民的洗浴问题相对困难。现依据 E/QFD/TRIZ 集成模型与具体流程进行灾后洗浴设施的人机创新设计。

首先，获取灾后洗浴设施人机用户需求。

工业设计师通过三角测量方法，并依据人机用户需求三维分类获取灾后洗浴设施的人机用户需求描述，如表 4.7 所示。再利用 1,2,3,4,5 不同程度的数值对用户需求的重要性进行标度，采用 SPSS 软件计算 10 项用户需求的均值，如表 4.8 所示。

表 4.7 用户需求初级筛选

人机用户需求三维分类	用户需求
人机交互维度	卫生安全,方便携带与运输,可拆卸性,易于安装与使用,耐用
人机情感维度	符合人机尺度,易学、易维护
人机效能维度	无电洗澡,环保节能,水源充足、水温合适

表 4.8 用户需求优先度

排序	用户需求	重要性	排序	用户需求	重要性
1	卫生安全	4.87	6	符合人机尺度	4.53
2	水源充足、水温合适	4.81	7	易学、易维护	4.17
3	易于安装与使用	4.75	8	环保节能	3.92
4	方便携带与运输	4.71	9	可拆卸性	3.7
5	无电洗澡	4.58	10	耐用	3.25

其次,构建 QFD 如图 4.11 所示,确立人机设计关键问题与关键人机设计区域。

依据质量屋屋顶的设计特性自相关矩阵,可以获得三组负相关特性,如表 4.9 所示,依据这三组负相关特性,确立针对灾后人机洗浴设施的三组关键创新问题,即冲突问题:(1)消除“整体产品的质量”与“盛水区域的体积”之间的冲突。(2)消除“结构”与“功能系统空间配置”之间的冲突。(3)消除“产品器件体积大、数量繁杂”与“易运输”之间的冲突。通过质量屋获得灾后人机洗浴设施设计特性优先度与六个关键设计区域,依次为:加热板尺寸布局、功能系统空间配置、结构、盛水区域的体积、模块化程度、产品器件体积与数量。

最后,进行关键人机设计问题的冲突分析与消除,利用 TRIZ 理论选择相应的发明原理,找到解决问题的创新方法,实现方案创新。

依据 3 对负相关特性,即 3 个关键创新问题,分别构建了与其相对应的 TRIZ 理论通用工程参数。将实际创新问题中的冲突,应用负相关设计特性对应的通用工程参数替代,从而实现了关键创新问题向 TRIZ 一般问题的转化。

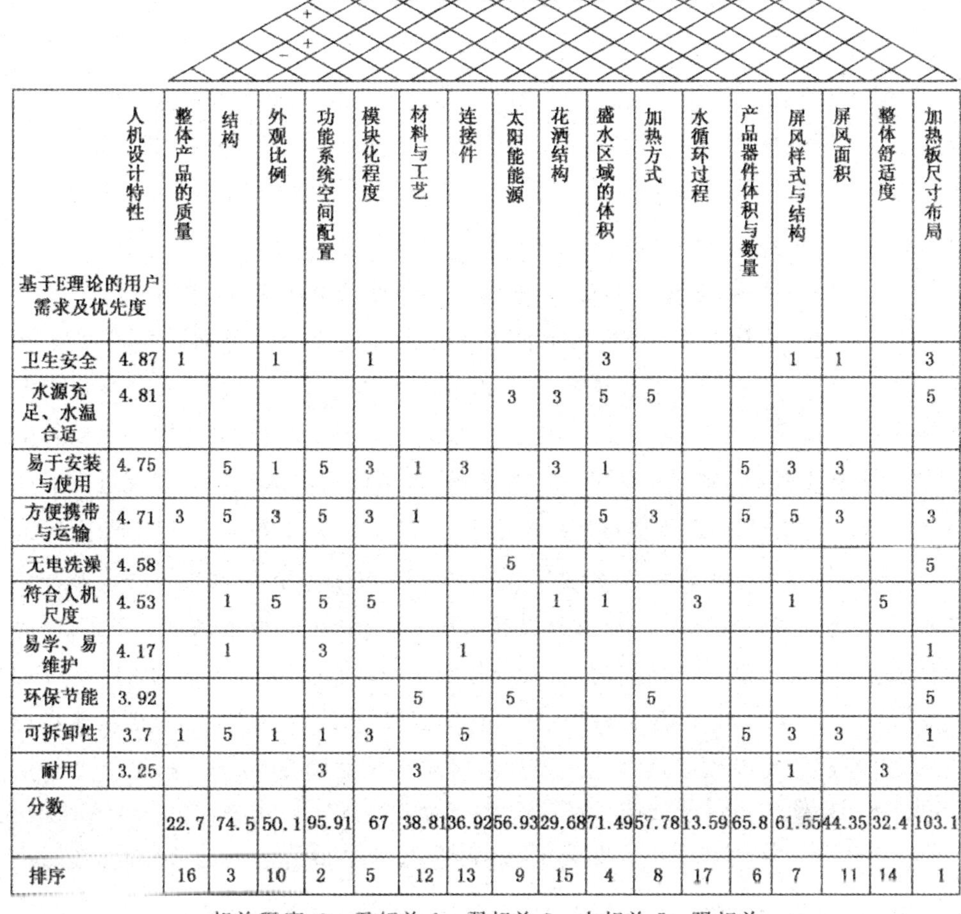

基于E理论的用户需求及优先度 ＼ 人机设计特性		整体产品的质量	结构	外观比例	功能系统空间配置	模块化程度	材料与工艺	连接件	太阳能能源	花洒结构	盛水区域的体积	加热方式	水循环过程	产品器件体积与数量	屏风样式与结构	屏风面积	整体舒适度	加热板尺寸布局
卫生安全	4.87	1		1		1					3				1	1		3
水源充足、水温合适	4.81								3	3	5	5						5
易于安装与使用	4.75		5	1	5	3	1	3		3	1			5	3	3		
方便携带与运输	4.71	3	5	3	5	3	1				5	3		5	5	3		3
无电洗澡	4.58								5									5
符合人机尺度	4.53		1	5	5	5				1	1		3		1		5	
易学、易维护	4.17		1		3			1										1
环保节能	3.92						5		5			5						5
可拆卸性	3.7	1	5	1	1	3		5						5	3	3		1
耐用	3.25				3		3								1		3	
分数		22.7	74.5	50.1	95.91	67	38.81	36.92	56.93	29.68	71.49	57.78	13.59	65.8	61.55	44.35	32.4	103.1
排序		16	3	10	2	5	12	13	9	15	4	8	17	6	7	11	14	1

相关程度：0—无相关 1—弱相关 3—中相关 5—强相关

图 4.11　灾后人机洗浴设施 QFD 质量屋

表 4.9　负相关设计特性及其对应的 TRIZ 理论通用工程参数

	负相关设计特性	TRIZ 理论通用工程参数
第 1 对	整体产品的质量→	2. 静止物体的重量
	盛水区域的体积→	8. 静止物体的体积
第 2 对	结构→	32. 可制造性
	功能系统空间配置→	33. 可操作性
第 3 对	产品器件体积、数量→	8. 静止物体的体积
	模块化程度→	8. 静止物体的体积

针对第 1 个关键创新问题，即“整体产品的质量”与“盛水区域的体积”之间冲突的解决。若洗浴设施的盛水区域体积增大，可加大储存量，有利于灾民洗浴。但是，会造成整体产品质量过大，不便于运输。因此，产品的整体质量要尽可能小，以方便灾后将洗浴设施能够快速便捷地送达灾区。故此冲突问题属于技术冲突，可以利用如图 4.12 所示的 TRIZ 理论冲突矩阵及其所建议的发明原理消除。针对第 2 个关键创新问题，即消除“结构”与“功能系统空间配置”之间的冲突。当提升产品整体结构可制造性时，会导致功能系统空间配置的可操作性下降。所以，该冲突问题亦属于技术冲突，解决创新问题的冲突方式与第 1 个创新问题相同。这两个创新问题分别转化为“2.静止物体的重量”与“8.静止物体的体积”、“32.可制造性”与“33.可操作性”之间的冲突。利用图 4.12 所示的冲突解决矩阵，获得相应的推荐发明原理编号。依据实际问题，在推荐的 4 个发明原理编号 No35、No10、No19、No14 中选择“No.10 预先作用原理：在真正需要某种作用之前，预先执行该作用的全部或一部分，预先对物体(全部或部分)施加必要的改变”。研究表明当地震发生之后，引发地震的地下能量会对降水产生影响：地下的一些水汽沿着裂缝进入空气中，空气中增加大量形成水滴的凝结核粉尘，在地震巨大冲击波的作用下，震区上空大量凝结核与水汽充分结合，致使大雨降临。因此，在洗浴之前可以将设施搭建起来，预先将天空中降落下的雨水收集起来作为水源，加以净化、加热、保温，以提供后期使用。对于第 2 个创新问题，从推荐的 3 个发明原理编号 No2、No5、No12 中选择“No.5：合并：为了提高效率或改善功能，可将相同的物体或相似的操作进行组合”，提出将收集雨水区域与太阳能加热区域系统加以合并。至此，第 1、2 个关键创新问题中的冲突得以消除。

针对第 3 个创新问题，即“产品器件体积、数量”与“模块化程度”之间冲突的解决。若保持洗浴设施良好的功能性，需保证能围合出一个封闭的空间，这就使得产品体量大、零部件数量繁杂，从而导致产品模块化程度下降，阻碍运输。因此，这就要求产品零部件尽量少，体量尽量小。由此可得，该冲突属于物理冲突，即可利用 TRIZ 分离原理中的空间分离原理与整体与部分分离(转换到子系统)原理所建议的发明原理实现冲突的化解，相关发明原理编号为：No. 1、No. 2、No. 3、No. 17、No. 13、No. 14、No. 7、No. 30、No. 4、No. 24、No. 26 与 No. 40。依据实际问题，首先选择“No.1 分离原理”，整体设施的支撑件选取三根可伸缩的支撑棒，外部遮挡选取柔软可伸缩的屏风，将三根支撑棒安置在收纳盒底部，对沐浴设施整体重新组装，以方便运输。再利用发明原理“No. 40 复合材料原理”，内部储水区域采用 LDPE 低密度聚乙烯，外部屏风采用复合材料 PVC，柔软处添加催化剂软化处理，保证内外部区域坚固性的同时提升其可伸缩性。

	恶化的参数				
改进的参数	…	2. 静止物体的重量	…	32. 可制造性	…
	8. 静止物体的体积	35,10,19,14	…	…	…
	…	…	…	…	…
	33. 可参考性	…	…	2,5,12	…
	…	…	…	…	…

图 4.12　解决冲突问题的局部冲突矩阵

综上所述，通过预先收集雨水系统、合并加热与收集系统、模块化集成收集与采用复合材料手段，并结合 6 项关键人机设计区域，利用计算机辅助设计，创建出人机洗浴设施的三维建模设计方案，如图 4.13 所示。

E/QFD/TRIZ 集成模型解决了设计阶段如何准确获取用户需求的具体问题，以及针对具体问题采用何种创新思路与方法，实现具体创新。三者的结合可以有效弥补单一设计理论的局限性，发挥各自理论与方法的最大优势，从而消除创新设计问题的瓶颈。通过对灾后人机洗浴设施的创新过程分析，论证了该集成模型与具体方法过程的可行性，并且对于其他人机产品的创新与开发，该集成模型与方法同样具有有效性。

4.4　本章小结

TRIZ 创新工具的合理应用可以实现快速创新设计，有效解决设计中的冲突问题。通过 TRIZ 理论体系与文献研究，挖掘了传统 TRIZ 理论的 3 点缺陷(见 4.1.4 节)。本章的主要工作是应用技术与需求进化理论以及冲突解决原理两方面创新工具与方法进行人机产品的创新设计研究。得到以下结论：

(1) 基于 TRIZ 技术与需求进化理论的产品创新流程可以快速且准确地实现人机产品创新概念预测，为企业产品下阶段开发提供具体方向。

(2) 将 TRIZ 理论与第 3 章创建的 E/QFD 模型集成，创建了面向人机产品创新方案产生的 E/QFD/TRIZ 集成模型与具体方法。依据冲突解决原理，将来源于用户需求的关键创新问题借助 TRIZ 理论 39 项通用工程参数进行转化，进行关键创新问题的冲突分析，选择适当的冲突解决方法消除冲突，获取针对不同冲突问题应用冲突矩阵或分离原理所推荐的发明原理编号，结合实际设计问题，选择适当的发明原理，提供具体的创新思路，从而产生创新概念。因此，在该集成模型中 TRIZ 理论的有效结合，既能克服传统 TRIZ 理论缺陷 1（见 4.1.4 节），又能解决传统 QFD 缺陷 4（见 3.1.4 节）。

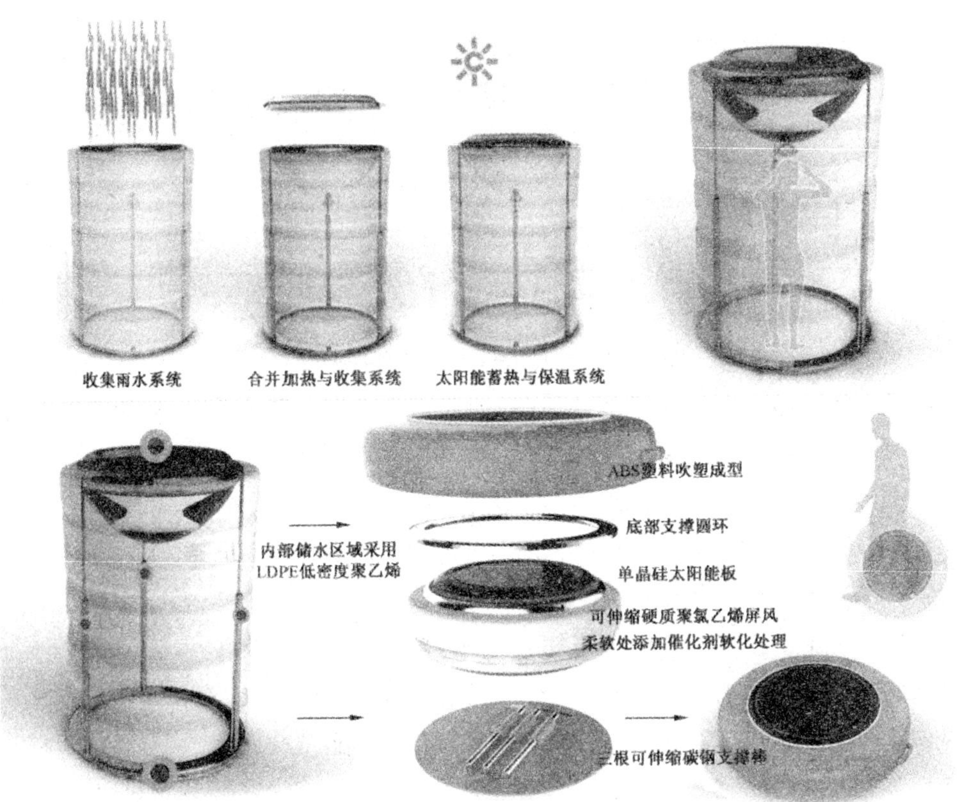

图 4.13　灾后人机洗浴设施创新设计方案

（3）在创新概念图形化过程中，依据 E 设计原则为指导，进行具体方案的设计，有效弥补了传统 TRIZ 理论缺陷 2（见 4.1.4 节），并采用手绘草图表现与计算机辅助设计构建三维效果图，从而产生具体设计方案。

（4）E/QFD/TRIZ 集成模型与方法实现了创新过程中冲突问题的有效消除，使设计方案基于用户需求与科学的创新工具而产生，加速了创新的进程，确保了创新方案的设计质量。最终通过地震后灾民的人机洗浴设施设计，验证了该集成模型与方法的可行性。

第5章 基于模糊多属性群决策的人机产品设计方案评价

通过用户需求与创新设计关键分析，结合 TRIZ 创新方法及 E 设计原则将产生若干设计方案。针对人机产品开发过程的设计方案评价，由于资金、成本、市场和时间等客观因素的限制，最终只有一个或少数设计方案能被采纳。大部分企业仅凭借企业家或设计主管的个体主观经验进行选择决策。这种评价形式基于个体经验，缺乏科学的评价属性体系及客观的评价方法，往往会导致漏选最优设计方案。由于决策失误而引起方案的变更，会造成一系列产品开发过程的重复，导致开发周期的延长以及资金、人力与物力的大量消耗。设计方案优选与决策是产品开发过程中的重要环节。随着设计对象的复杂化与科技信息的日益发展，有必要开发并采用科学的理论与方法使评价过程更加客观而科学。另外，在评价属性体系构建过程中，会出现无法量化的设计属性，面向模糊理论（Fuzzy Theory，FT）的评价方法是处理该类问题的有效工具。因此，本章面向人机产品设计方案评价开发模糊多属性群决策评价模型与方法，力求通过相对客观的评价方法有效实现人机产品方案优选。

5.1 模糊理论

5.1.1 三角模糊数

模糊理论是在美国加州大学伯克利分校电气工程系 Zadeh 教授于 1965 年创立的模糊集合理论的基础上发展起来的，主要包括模糊集合理论、模糊逻辑、模糊推理和模糊控制等方面的内容。他强调，人类的思维、推理的概念都是相当模糊的，许多传统精确的量化方法已经不能完全解决以人为中心的问题，必须以模糊数学分析法来处理模糊的问题，该理论被广泛应用于处理主观以及不确定信息。当决策者进行评估时，若评估值采用语言变量表示，更能使决策者充分地表达其主观评估值。由于时间的限制、内在与外在环境的变化、评估方案的属性以及决策者的主观判断，使得在设计阶段的方案评价过程与结果具有模糊性。因此，对于人机产品设计方案的评价应用模糊理论来协助建立评价方法。

模糊数是由 Dubois 与 Prade 在 1978 年提出的。较常见的模糊数主要有三角模糊数、梯形模糊数、矩形模糊数、不规则模糊数等。由于三角模糊数与梯形模糊数概念与计算简单，在实际中被广泛应用。三角模糊数是梯形模糊数的一种特殊情况。因此，针对人机产品设计方案的优选问题，将选择三角模糊数协助评价。一个三角模糊数可以表示为 $\tilde{a}=(a_1,a_2,a_3)$（如图 5.1 所示），其隶属函数为：

$$\mu_{\tilde{a}}(x)\begin{cases}0, x \leqslant a_1 \\ \dfrac{x-a_1}{a_2-a_1}, a_1 < x \leqslant a_2 \\ \dfrac{a_3-x}{a_3-a_2}, a_2 < x \leqslant a_3 \\ 0, x > a_3\end{cases} \tag{5.1}$$

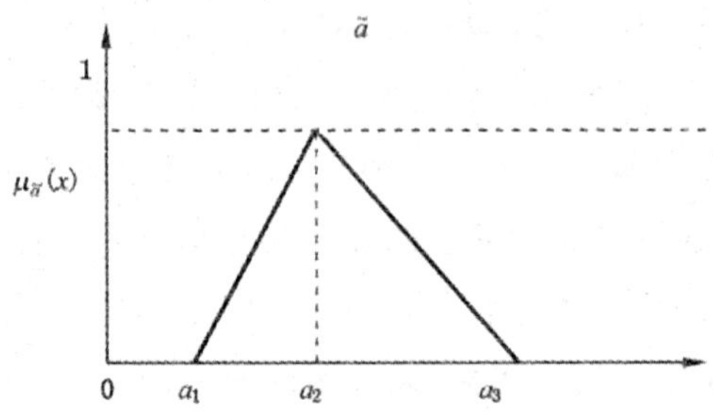

图 5.1　三角模糊数 $\tilde{a}$

5.1.2　语言变量与模糊数

为了能使人的自然语言转化为计算机能够接受的算法语言，需要在模糊理论基础上，通过语言变量引入，构建语言变量与模糊数的对应关系[148,149]。语言变量用来表达项目所代表的大小、高低、优良程度，其表示的方式是将人类自然语言中所用到的词语作为变量，来表达决策者对其评价值好坏程度的感受，并经由三角模糊数，或矩形模糊数，或梯形模糊数，或不规则模糊数来量化，从而用来处理不明确或模糊的资料。目前语言变量的使用相当广泛，可以进行决策者语言排序的评估，并以此作为各属性值表达程度的衡量方法，也可以用语言变量评估各属性的重要性，甚至以隶属函数为工具进行语言变量的数学化，处理无法量化的问题相当有效。

在 FT 中，标度变换法被应用于语言变量向模糊数的转变。本研究选取 1，3，5，7，9 比例标度将语言变量转换为评价属性与设计方案的三角模糊数评级。表 5.1、表 5.2 分别显示了语言变量对应的方案与评价属性模糊评级。应用 FT 来进行设计方案的决策，主要思想是将决策者对评价对象好坏程度的感受利用语言变量转化成模糊数，再将模糊数透过解模糊运算转换成具体数值。

表 5.1　语言变量对应的方案模糊评级

语言变量	模糊评级
很差	(1,1,3)
差	(1,3,5)
一般	(3,5,7)
好	(5,7,9)
很好	(7,9,9)

表 5.2　语言变量对应的评价属性模糊评级

语言变量	模糊评级
很低	(1,1,3)
低	(1,3,5)
中等	(3,5,7)
高	(5,7,9)
很高	(7,9,9)

5.2　多属性群决策设计评价

5.2.1　设计评价与群决策

5.2.1.1　设计评价

依据明确的目标来评测方案系统的属性(或称指标)，并将该属性变为客观定量的数值称之为评价。广义的评价包括被评对象、评价属性体系、评价主体、评价工具与方法，以及各要素有机结合构成的评价系统。而设计评价是指在设计过程中，对解决设计问题所提出的若干创新方案，采用一定的方法与手段，进行评判、分析、比较，从而获取各方案的价值，由此判断其优劣，以便于从众多设计方案中筛选出最优方案，用于后续的深入加工与开发。

设计评价结果的准确性，依据具体评价方法的应用。单凭个体主观感觉、个体知识水平与经验定性选择产品，已无法准确把握复杂的评价对象。因此，评价方法的合理性与客观性是设计评价的核心思想。设计评价的有效实施，可以保证设计方案的准确优选，加快产品开发的速度，使得方案尽早投入生产，从而实现产品市场化。

5.2.1.2 群决策

随着科学技术的不断丰富，决策问题日益复杂且富于变化。由单独个体进行决策的形式相对较少，而由多个决策者共同参与决策的形式越来越多。因此，群决策也随之产生。群决策通过充分发挥集体智慧，将决策中的不确定因素最大限度地降低，借助多个决策者的视角迅速获悉问题所在。

由于群决策问题相对复杂，学术界对其并无统一定义。由 Maniya 与 Bhatt 所给出的关于群决策的定义相对较为准确，得到普遍认同。他们认为，由多个决策者针对同一问题方案实施一项联合行动决策，然后依据某种特定的规则，将各个决策成员关于方案的偏好集结作为决策群体妥协的或一致的群体偏好序，这个过程称为群决策[150]。群决策积聚了不同领域专家的意见与思想，对于个体很难判定的决策问题，通过群决策能够获得普遍认同，利于决策过程的顺利实施。另外，其有助于充分利用并发挥决策群体成员不同的教育程度、经验和背景。同时，能够利用广泛的信息，借助于更多的知识与优势，获得相对客观且精确的可行性方案。

5.2.2 多属性群决策设计评价方法

多属性群决策在社会科学领域被广泛应用的同时，在自然科学领域，尤其在工程设计方面被研究者大量采用。人机产品设计中，方案设计所涉及的评价属性极其复杂，既包含技术属性又包括艺术属性。因此，在方案的评价阶段采用群决策的方式对不同设计方案的多个属性进行评价，发挥群体决策者的知识，开发适用于人机产品设计方案的多属性群决策评价机制，有利于提高评价结果的精度，降低风险。

设计阶段人机产品设计方案的选择，涉及多名决策者针对评价属性体系进行若干方案的评价，属于多属性群决策问题。TOPSIS 是多属性决策方法中的一种成熟有效的方法，被广泛运用于供应商的选择研究[151]、工程设计与制造系统[152]、商业与市场管理研究[153]、人力资源管理[154]、化学工程[155]、能源管理[156]、水资源管理[157]以及健康、安全与环境管理[158-160]等。在产品设计评价文献中，TOPSIS 的应用主要是围绕产品装配过程、供应商的选择问题。针对设计阶段的若干人机产品设计方案，利用 TOPSIS 进行方案评价的研究很少。

另外，在方案评价属性体系构建过程中，会出现无法量化的设计属性，如款式、风格、形态意象、美观等，决策者对于评价往往具有很高的主观评判性，甚至有时模棱两可，面向模糊方法的评价与决策方法是处理此类问题的有效工具，其允许使用模糊术语，如好、较好或差等打分更符合设计方案评价属性的抽象性与模糊性特点，所以获得较为广泛的应用。现有的设计评价中，王建维等[161]运用模糊数表示产品性能与整体因素权重，通过模糊运算求得关于方案的性能整体评价模糊数值，创建了面向产品方案的模糊协同评价方法。Gau 与 Buehrer[162]为了确保客观有效的评价过程，结合多属性决策方法与粗糙集理论构建了面向产品方案的评价模型。杨程等[163]针对产品外观设计，采用主成分分析进行决策过程的求解，确定每个主成分对设计方案评价结果的影响，通过主成分贡献率确立设计方案的综合评价值。周珍等[164]在应用模糊层次分析方法的同时，注意到开发过程的隐存风险，并借鉴来自各个领域专家的意见，最终获取了各级评价属性的权重。周庆忠与曾慧娥[165]为了保障可靠的方案评价精度，针对机械产品设计方案，有效结合灰色综合评判与模糊综合评估，创建了灰色模糊评价模型。周珍与吴祈宗[166]在模糊信息多属性决策问题中融入了 Vague 集，并依据计分函数法对数据进行处理与分类。

因此，本研究试图探索并开发基于三角模糊数的语言型模糊评价方法，并结合 TOPSIS 方法，实现人机产品设计方案的科学评价。

5.3　评价属性体系构建方法

评价属性应具有系统性、典型性、可比较性、可量化性、综合性、独立性特征，才能确保属性体系中的各个指标完整准确地表现设计方案，不会由于评价属性的相近或重复导致冗余的评价过程，力求用少量精准的评价属性来表达决策的方案。现提出基于 E 设计要素与外观形态特征群的两种评价属性体系构建方法。

5.3.1　基于 E 设计要素的评价属性体系构建

设计阶段产生的若干创新方案，若要使得最终优选的方案产品化后能够赢得广大市场，备受用户青睐，需明确用户购买产品时的评价属性。在产品的选择购买过程中，用户直接目测到的只是产品的外观，其技术性能参数只能靠说明书中的参数表获悉，产品内部零部件及结构无法观测。因此，在产品价格、基本功能与性能参数相近的情况下，许多用户会选择外观可用性强、情感品质高、美观度更吸引人的产品[167]。外观设计精良的人机产品会增加用户的决策购买几率。即使对于工业产品，其外观设计同样影响用户的选择。所以，除了功能，人机产品设计方案的外观可用性、情感品质及吸引力等方面将作为设计阶段方案评价与决策的主要考量。

以人机产品为研究对象进行设计方案的优选与评价，将 2.2.1 节界定的 16 个 E 设计要素直接用于评价属性体系的构建，故产生 16 个评价属性，具体所指与描述如表 5.3 所示。

表 5.3 基于 E 设计要素的评价属性

人机用户满意三维分类	评价属性与描述
人机交互维度	1. 安全：操作安全，避免误操作，对人体与环境不产生危害。 2. 尺度：产品尺度与人体尺度、个人能力、身体局限相匹配。 3. 舒适：形态符合人体生理特征，与人体部位接触舒适。 4. 省力：人体关节、韧带、肌肉在产品操作中尽可能保持自然松弛状态，或以动力代替肌力。
人机情感维度	5. 易用：操作容易，简便，便携，方便运输。 6. 审美：造型美观，比例恰当，色彩宜人，设计亲和，充满活力，唤起用户的愉悦感。 7. 风格：点线面处理、色彩搭配风格与工作环境的匹配性。 8. 语意：图形、符号、形态或色彩设计意义。 9. 吸引力：创意、新颖、排他性、差异化。
人机效能维度	10. 易学：功能按键、人机界面容易辨识、记忆与控制。 11. 易维护：材质易清洗、易维护。 12. 效率：用户操作以快速、容易、经济的方式实现产品功能。 13. 效力：每位用户的功能需求均能通过产品使用实现。 14. 功能：兼具良好的基本功能与必要的辅助功能，功能结构空间配置合理。 15. 环保：绿色材料，低碳节能。 16. 性能：系统与结构可靠、高精准度、耐用。

5.3.2 基于外观形态特征群的评价属性体系构建

产品外观形态特征群，是指由若干个形态特征按照一定的组织结构关系所构成的整体。按照产品三视图中的外观形态特征，可以组成前视特征群、后视特征群、侧视特征群和顶视特征群。每个形态特征群中包含了多个形态单元。形态单元的个体特征与相互之间的空间匹配关系，构成了人机产品外观的整体形态特征。因此，基于外观形态特征群的评价属性构建方法，适用于多款产品外观方案的优选与决策。现以汽车外观为例，阐述评价属性的构建方法。

依据汽车外观形态特征群，通过用户与专家访谈，广泛收集了针对各形态单元的 35 项初选评价属性 $A_1 \sim A_{12}$，$B_1 \sim B_6$，$C_1 \sim C_{12}$，$D_1 \sim D_5$，如表 5.4 所示。其中，部分属性只有少数用户或专家提及，没有获得广泛的认可。另外，部分属性之间存在近似或重复，会导致汽车的某些特性值被重复计算并附加到最终的评价结果中，影响评价的准确性。因此，需要针对初选指标进行多次筛选，以确定最终的汽车形态评价属性体系并增强其科学性。

表 5.4 汽车形态特征群的初选评价属性

形态特征群	主要形态单元	评价属性初选
A. 前视特征群	前大灯	A_1. 前大灯形态意象
		A_2. 前大灯与整体前围比例
	进气格栅	A_3. 进气格栅结构样式
		A_4. 进气格栅与整体前围比例
		A_5. 进气格栅形态意象
	引擎罩	A_6. 引擎罩形面走势
	前视轮廓	A_7. 前视轮廓
	前窗	A_8. 前窗与整体前围比例
		A_9. 前窗功能与样式统一
	雨刷	A_{10}. 雨刷功能与样式统一
	整体前围	A_{11}. 整体前围风格
		A_{12}. 前脸形态意象
B. 后视特征群	尾灯	B_1. 尾灯形态意象
		B_2. 尾灯与整体后围比例
	后视轮廓	B_3. 后视轮廓
	后窗	B_4. 后窗与整体后围比例
		B_5. 后窗功能与样式统一
	整体后围	B_6. 整体后围风格
C. 侧视特征群	侧窗	C_1. 侧窗功能与样式统一
		C_2. 侧窗轮廓
		C_3. 侧窗与整体侧围比例
	腰线	C_4. 腰线曲率与位置
	裙摆线	C_5. 裙摆线位置
	侧视轮廓	C_6. 侧视轮廓
	车门	C_7. 车门款式
	把手	C_8. 把手与车门比例
		C_9. 把手形态精致
	侧灯	C_{10}. 侧灯与整体侧围比例
		C_{11}. 侧灯布置适宜
	整体侧围	C_{12}. 整体侧围风格
D. 顶视特征群	天窗	D_1. 天窗功能与样式统一
		D_2. 天窗与整体顶围比例
	后背箱罩	D_3. 后背箱罩形面走势
	顶视轮廓	D_4. 顶视轮廓
	整体顶围	D_5. 整体顶围风格

已有文献与研究[168,169]显示，汽车的前视与侧视特征群中的形态单元特征对整体汽车形态的影响最为显著。因此，筛除依据汽车后视与顶视特征群初选的 11 项评价属性 $B_1 \sim B_6$，$D_1 \sim D_5$，保留处于前视与侧视特征群形态单元的 24 项评价属性 $A_1 \sim A_{12}$，$C_1 \sim C_{12}$。现将此 24 项属性发给汽车设计师、工程师与 E 专家进行公信度评测。选择了 150 位专家进行问卷(附录 A)调查，要求专家选择有重要影响的评价属性。专家的判断具有一定的准确性和合理性，并且通过对大量专家意见的对比分析，可以消除一定的主观性，较客观地反映评价属性的重要性。调研结果收回 123 份有效问卷，将多数专家选择的评价属性纳入评价体系，即：

$$H = \frac{G}{123} \tag{5.2}$$

其中，H 为公信度；G 为选择该属性的专家人数。

将公信度低于 0.5 的 8 个属性即 A_2，A_5，A_8，A_{10}，C_3，C_8，C_{10}，C_{11} 剔除。最终获得汽车形态评价属性体系，如表 5.5 所示。

表 5.5　汽车形态评价属性体系

评价属性	属性类型	
	成本型（负指标）	效益型（正指标）
1. 前大灯形态意象		√
2. 进气格栅结构样式		√
3. 进气格栅与整体前围比例		√
4. 引擎罩形面走势		√
5. 前视轮廓		√
6. 前窗功能与样式统一		√
7. 整体前围风格		√
8. 前脸形态意象		√
9. 侧窗功能与样式统一		√
10. 侧窗轮廓		√
11. 腰线曲率走势与位置		√
12. 裙摆线位置		√
13. 侧视轮廓		√
14. 车门款式		√
15. 把手形态美观		√
16. 整体侧围风格		√

对比以上两种评价属性体系的构建方法：基于外观形态特征群的评价属性体

系的构建方法，虽然每个产品均是由若干个形态特征，即前视特征群、后视特征群、侧视特征群和顶视特征群，按照一定的设计关系构成整体，如汽车的重点形态特征群为前视与侧视形态特征群，故可以选择重点形态特征群上的主要形态单元进行评价属性的筛选。但是人机产品种类诸多，各类产品均具备各自的重点形态特征群，且形态单元存在异同。因此，表 5.5 所示的评价属性体系适用于相关汽车类产品方案的优选与决策。对于其他不同类人机产品评价时则需要重新分析各形态特征群。基于 E 设计要素的评价属性体系构建方法，是从人机产品满意三个维度出发，将界定的 E 设计要素直接作为评价属性。所获取的评价属性更具有通用性，适合不同类人机产品方案评价。

5.4　基于 FTOPSIS 的模糊多属性群决策评价方法

5.4.1　设计方案评价模型构建

为了实现人机产品设计方案的客观评价，将属性与方案的模糊评级，由决策群体借助语言变量与三角模糊数表达，并与传统 TOPSIS 方法结合，最终确立最优设计方案，提出基于 FTOPSIS 方法的人机产品设计方案评价模型，如图 5.2 所示。

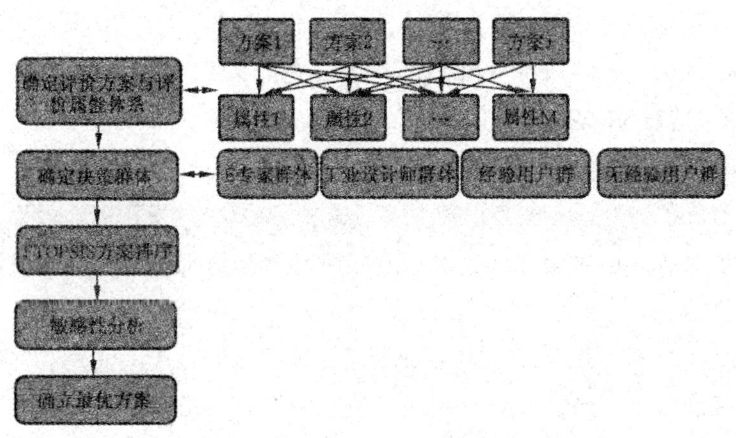

图 5.2　人机产品设计方案评价模型

人机产品设计方案评价模型的具体流程如下所述：

步骤 1：确定被评方案及其评价属性；

步骤 2：确定决策群体；

步骤 3：FTOPSIS 方案排序；

步骤 4：敏感性分析；

步骤 5：确立最优方案。

5.4.2 确定方案及其评价属性

在设计方案优选与决策时，先确定待评价的设计方案及评价属性。评价属性体系的构建方法已在本章 5.3 小节中阐述，选择普适性更强的基于 E 设计要素的评价属性构建方法。通过该方法确立的 16 项评价属性，为后续评价过程所用。构建评价模型中设计方案与 16 项评价属性的层次结构图，使评价问题清晰展示，如图 5.3 所示。

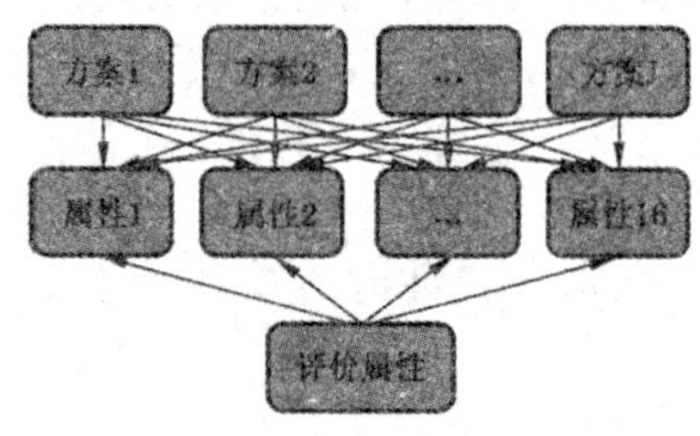

图 5.3 评价模型的层次结构

5.4.3 确定决策群体

在人机产品设计方案决策过程中，将决策群体分为四类人群，分别是人机专家群体、工业设计师群体、经验用户群体、无经验用户群体。其中人机专家群体具备丰富的 E 理论知识背景，可从人机交互、情感、效能维度给予设计方案相对专业的评价；工业设计师群体具备一定的实际设计经验，具备对优良的设计形态、色彩、功能、使用方式、美观等设计要素的鉴别能力；经验与无经验用户群体指普通大众消费群体，没有任何的设计专业知识背景。其中，经验型用户特指以往使用过待评价的某类产品，具有一定的用户体验经历，能够获悉现有产品的不足，能对新方案解决现有不足或缺陷的能力进行比较评价；而无经验用户指未使用过待评价的某类产品，无相关用户体验经历，但对待评价的设计方案的创新性与必要性能够敏锐评价，且受到的评价干扰因素最少。因此，由此四类群体共同组合构成的决策群体具有一定的代表性，是确保评价结果准确性的关键因素之一。

5.4.4 FTOPSIS 方案排序

传统 TOPSIS 方法通过计算评价对象与最优解、最劣解的距离来进行排序，若评价对象最靠近最优解同时又最远离最劣解，则为最好，否则为最差。FTOPSIS 方案排序是将针对属性与方案的模糊评价与 TOPSIS 方法结合，对评价对象进行相对优劣的客观排序。该方法过程如下所述：

(1) 给出相关属性与方案的评价集合

假设由 n 个备选方案所组成的方案集 $S=\{S_1,S_2,\cdots,S_j\}$；有 m 个评价属性所组成的评价属性集 $F=\{F_1,F_2,\cdots,F_m\}$，属性权重为 $\omega_i(i=1,2,\cdots,m)$；有 k 名决策者所组成的决策者集 $D=\{D_1,D_2,\cdots,D_k\}$；每位决策者对每个方案 $S_j(j=1,2,\cdots,n)$ 关于属性 $F_i(i=1,2,\cdots,m)$ 构建的决策矩阵由 $\widetilde{\boldsymbol{R}}=\widetilde{x}_{ijk}(i=1,2,\cdots,m;j=1,2,\cdots,n;k=1,2,\cdots,k)$ 表示。

(2) 计算属性与方案的集结模糊评级

若所有决策者的模糊评级用三角模糊数表示，即 $\widetilde{R}_k=(a_k,b_k,c_k),k=1,2,\cdots,k$，则集结模糊评级为 $\widetilde{R}=(a,b,c)$。

其中，$a=\min\{a_k\},b=\dfrac{1}{k}\sum\limits_{k=1}^{k}b_k,\ c=\max\{c_k\}$。

若第 k 名决策者的模糊评级与权重依次为：$\widetilde{x}_{ijk}=(a_{ijk},b_{ijk},c_{ijk}),c(i=1,2,\cdots,m;j=1,2,\cdots,n)$，则方案关于各项属性的集结模糊评级为：

$$\widetilde{x}_{ijk}=(a_{ij},b_{ij},c_{ij})\text{，其中 }a_{ij}=\min\{a_{ijk}\},b_{ij}=\frac{1}{k}\sum_{k=1}^{k}b_{ijk},c_{ij}=\max\{c_{ijk}\} \tag{5.3}$$

各项属性的集结模糊权重为：$\widetilde{\omega}_j=(\omega_{j1},\omega_{j2},\omega_{j3})$。

$$\text{其中，}\omega_{j1}=\min\{\omega_{jk1}\},\omega_{j2}=\frac{1}{k}\sum_{k=1}^{k}\omega_{jk2},\omega_{j3}=\max\{\omega_{jk3}\}\text{。} \tag{5.4}$$

(3) 计算模糊决策矩阵

构建方案与评价属性模糊决策矩阵 $\widetilde{\boldsymbol{E}}$ 与 $\widetilde{\boldsymbol{W}}$：

$$\widetilde{\boldsymbol{E}}=\begin{matrix} & S_1 & S_2 & \cdots & S_j \\ F_1 & \widetilde{x}_{11} & \widetilde{x}_{12} & \cdots & \widetilde{x}_{1n} \\ F_2 & \widetilde{x}_{21} & \widetilde{x}_{22} & \cdots & \widetilde{x}_{2n} \\ \vdots & \vdots & \vdots & & \vdots \\ F_j & \widetilde{x}_{m1} & \widetilde{x}_{m2} & \cdots & \widetilde{x}_{mn} \end{matrix},i=1,2,\cdots,m;j=1,2,\cdots,n \tag{5.5}$$

$$\widetilde{\boldsymbol{W}}=(\widetilde{\omega}_1,\widetilde{\omega}_2,\cdots,\widetilde{\omega}_m) \tag{5.6}$$

(4) 标准化模糊决策矩阵

$$\text{标准化模糊决策矩阵为：}\widetilde{\boldsymbol{R}}=(\widetilde{r}_{ij})_{m\times n},i=1,2,\cdots,m;j=1,2,\cdots,n \tag{5.7}$$

$$\text{其中，}\widetilde{r}_{ij}=\left(\frac{a_{ij}}{c_j^+},\frac{b_{ij}}{c_j^+},\frac{c_{ij}}{c_j^+}\right)\text{，且 }c_j^+=\max\{c_{ij}\},c_j^+\text{ 为正指标；} \tag{5.8}$$

$$\widetilde{r}_{ij}=\left(\frac{a_j^+}{a_{ij}},\frac{a_j^+}{b_{ij}},\frac{a_j^+}{c_{ij}}\right)\text{，且 }a_j^+=\min\{a_{ij}\},a_j^+\text{ 为负指标；} \tag{5.9}$$

(5) 计算加权标准化模糊决策矩阵

加权标准化模糊决策矩阵为：$\tilde{Z}=(\tilde{z}_{ij})_{m\times n}, i=1,2,\cdots,m; j=1,2,\cdots,n$ (5.10)

其中，$\tilde{z}_{ij}=\tilde{r}_{ij}(\cdot)\tilde{\omega}_j$。

(6) 计算模糊最优解与最劣解

模糊最优解(P^+)与模糊最劣解(P^-)，分别为：

$$P^+=(\tilde{z}_1^+,\tilde{z}_1^+,\cdots,\tilde{z}_n^+), \quad (5.11)$$

其中，$\tilde{z}_j^+=max\{z_{ij3}\}, i=1,2,\cdots,m; j=1,2,\cdots,n$。

$$P^-=(\tilde{z}_1^-,\tilde{z}_1^-,\cdots,\tilde{z}_n^-), \quad (5.12)$$

其中，$\tilde{z}_j^-=min\{z_{ij1}\}, i=1,2,\cdots,m; j=1,2,\cdots,n$。

(7) 计算方案到最优解与最劣解的距离

每个备选设计方案，即备选解，分别与最优解、最差解之间的距离计算公式为：

$$d_i^+=\sum_{j=1}^{n}d_v(\tilde{z}_{ij},\tilde{z}_j^+), i=1,2,\cdots,m \quad (5.13)$$

$$d_i^-=\sum_{j=1}^{n}d_v(\tilde{z}_{ij},\tilde{z}_j^-), i=1,2,\cdots,m \quad (5.14)$$

其中，$d_v(\tilde{a},\tilde{b})=\sqrt{\frac{1}{3}\sum_{i=1}^{3}(a_i-b_i)^2}$，代表两个三角模糊数$\tilde{a}$与$\tilde{b}$之间的距离。

(8) 计算每一个备选方案与理想解的相对贴近度

求出各个备选解与理想解的相对贴近度作为最终的评判标准。公式为：

$$C_i=\frac{d_i^-}{d_i^++d_i^-}, i=1,2,\cdots,m \quad (5.15)$$

显然，$C_i\in[0,1]$。

(9) 排列备选方案

依据贴近度递减顺序对备选方案进行排列，排在第一位的方案是距离最优解最近、距离最劣解最远的最佳方案。

5.4.5 敏感性分析

敏感性分析是一种定量描述模型输入变量对输出变量的重要性程度的方法，研究和预测某些指标的变动对模型输出值的影响程度。敏感性分析被应用在经济、生态、工程等诸多领域。如应用敏感性分析对投资项目风险估计中的净现值、内部收益率等多个经济指标进行处理，为投资决策提供参考[170,171]。针对复杂的生态系统采用敏感性分析，筛选出对生态模型起主导作用的指标[172]。敏感性分析为工程问题提供合理安排计算的依据，并对施工质量、勘测的控制起指导作用，利于对结构安全性的评价[173,174]。

针对设计方案评价的敏感性分析主要是关于个体评价属性权重分配的改变对于整体形态方案评价敏感度的问题研究。此分析方法在指标权重拟定中存在不确定性情况下尤为适用。针对人机产品设计方案评价问题,通过对 16 项评价属性分配不同的权重评级,观察其对整体评价结果的影响,从而了解各种评价属性的权重评级变化对整体决策结果的影响程度。因此,利用敏感性分析,研究在设计方案选择过程中指标权重的重要性及其对评价结果的影响。

为了研究 16 项评价属性权重的重要性及其对设计方案评价结果的影响,进行 21 项敏感性分析实验。在实验 No. 1～5 中,设定 16 个评价属性的权重评级依次均为(1,1,3),(1,3,5),(3,5,7),(5,7,9),(7,9,9)。在实验 No. 6～21 中,依次设定某一个评价属性权重评级为(7,9,9),其余的均为(1,1,3)。通过 5. 4. 4 节所述方法过程计算获得 4 款方案的相对贴近度及排序。通过实验结果获得每款方案分别在评价属性分配的权重评级下的优先排序居于首位及次数,从而判断评价属性权重对评价结果的影响是否敏感。

5.5　基于 FTOPSIS 的汽车形态设计方案评价应用[175]

现有 4 款宝马汽车形态方案 S_1,S_2,S_3,S_4,每款方案展示了汽车前视特征群与侧视特征群,如图 5. 4、图 5. 5、图 5. 6、图 5. 7 所示。应用 FTOPSIS 方法对形态方案进行优选,具体过程如下:

图 5.4　宝马汽车形态方案 S_1

图 5.5　宝马汽车形态方案 S_2

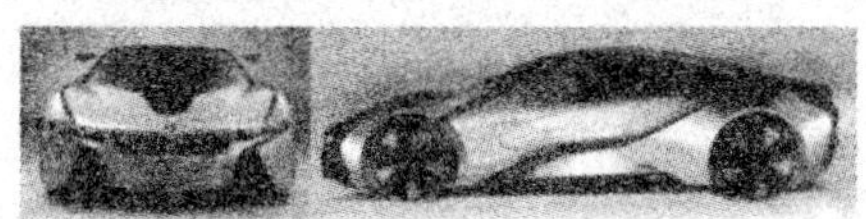

图 5.6　宝马汽车形态方案 S_3

图 5.7　宝马汽车形态方案 S_4

构建汽车形态评价属性与方案的评价集合。4 款备选方案组成方案集 $S=\{S_1,S_2,S_3,S_4\}$;16 个评价属性组成的评价属性集 $F=\{F_1,F_2,\cdots,F_{16}\}$,指标权重由 $\omega_i(i=1,2,\cdots,16)$表示;40 位参与者(包括 10 位工业设计师、10 位 E 专家、10 位经验型用户与 10 位无经验用户)组成的决策者集 $D=\{D_1,D_2,\cdots,D_{40}\}$;每位决策

者对每个方案 $S_j(j=1,2,3,4)$关于指标 $F_i(i=1,2,\cdots,16)$构建的决策矩阵由$\widetilde{\boldsymbol{R}}_k=\widetilde{x}_{ijk}(i=1,2,\cdots,16;j=1,2,3,4;k=1,2,\cdots,40)$表示。

40 位决策者依据第 5.1.2 节中表 5.1、表 5.2 语言项对应的模糊评级评价 16 项评价属性(表 5.3)与 4 款方案 S_1,S_2,S_3,S_4。语言变量被转化为三角模糊数并且依据公式(5.3)、(5.4)获得 40 位决策者的整体评价。评价属性与方案的集结模糊权重分别如表 5.6、表 5.7 所示。

表 5.6　评价属性的集结模糊权重(基于 40 位决策者问卷反馈)

评价属性	集结模糊权重
F_1	(3,6.5,9)
F_2	(3,7,9)
F_3	(5,7.5,9)
F_4	(3,7.5,9)
F_5	(7,9,9)
F_6	(3,6.5,9)
F_7	(5,8,9)
F_8	(5,7.5,9)
F_9	(1,4.5,9)
F_{10}	(1,6,9)
F_{11}	(1,5.5,9)
F_{12}	(1,4,7)
F_{13}	(5,8,9)
F_{14}	(1,5.5,9)
F_{15}	(3,5.5,9)
F_{16}	(5,8,9)

表 5.7　评价属性与方案的集结模糊决策矩阵(基于 40 位决策者问卷反馈)

评价属性	方案			
	S_1	S_2	S_3	S_4
F_1	(3,6.25,9)	(1,5,9)	(1,5,9)	(1,3.75,9)
F_2	(1,5.75,9)	(3,7,9)	(1,5.75,9)	(1,1.75,5)
F_3	(1,4.25,9)	(1,3,7)	(1,2.25,7)	(1,7,9)
F_4	(3,5.75,9)	(1,5.75,9)	(3,7,9)	(1,1,3)
F_5	(1,2.25,5)	(1,5,9)	(1,7,9)	(1,5.75,9)
F_6	(1,5,9)	(1,5,9)	(5,7,9)	(1,5.75,9)

续表 5.7

评价属性	方案			
	S_1	S_2	S_3	S_4
F_7	(1,5,9)	(1,5,9)	(5,7,9)	(1,5,9)
F_8	(3,6.25,9)	(1,3.75,9)	(1,3,7)	(1,3.75,9)
F_9	(1,3,7)	(3,6.25,9)	(1,3.75,9)	(1,3,9)
F_{10}	(1,4.25,9)	(1,5,9)	(1,5,9)	(1,5,9)
F_{11}	(1,5.75,9)	(1,2.25,5)	(3,7,9)	(1,3,9)
F_{12}	(1,2.25,7)	(1,5.75,9)	(3,6.25,9)	(1,5,9)
F_{13}	(1,5.75,9)	(1,5,9)	(5,7,9)	(1,4.25,9)
F_{14}	(5,7,9)	(1,5,9)	(1,2.25,5)	(1,5.75,9)
F_{15}	(1,1,3)	(1,4.75,9)	(1,3,7)	(1,5,9)
F_{16}	(1,3,7)	(1,3.75,9)	(1,3.75,7)	(3,6.25,9)

应用公式(5.7)～(5.9)计算标准化模糊决策矩阵,如表5.8所示。应用公式(5.10)计算加权标准化模糊决策矩阵,其中$\tilde{r}_{ij}$取值来自表5.8,$\tilde{w}_j$取值来自表5.6,计算结果如表5.9所示。应用公式(5.11)、(5.12)计算模糊最优解与最劣解,如表5.9最后两栏所示。应用公式(5.13)、(5.14)计算方案到最优解与最劣解的距离,如表5.10所示。应用公式(5.15)计算备选方案与理想解的相对贴近度,如表5.11所示。

表5.8 标准化模糊决策矩阵

属性	方案			
	S_1	S_2	S_3	S_4
F_1	(0.33,0.69,1)	(0.11,0.56,1)	(0.11,0.56,1)	(0.11,0.42,1)
F_2	(0.11,0.64,1)	(0.33,0.78,1)	(0.11,0.64,1)	(0.11,0.35,1)
F_3	(0.11,0.47, 1)	(0.14,0.43, 1)	(0.14,0.32, 1)	(0.11,0.78, 1)
F_4	(0.20,0.45,1)	(0.11,0.64,1)	(0.33,0.78,1)	(0.11,0.33,1)
F_5	(0.20,0.45,1)	(0.11,0.56,1)	(0.11,0.78,1)	(0.11,0.64,1)
F_6	(0.11,0.56,1)	(0.11,0.56,1)	(0.56,0.78,1)	(0.11,0.64,1)
F_7	(0.11,0.56,1)	(0.11,0.56,1)	(0.56,0.78,1)	(0.11,0.56,1)
F_8	(0.33,0.69,1)	(0.11,0.42,1)	(0.14,0.43,1)	(0.11,0.42,1)
F_9	(0.14,0.43,1)	(0.33,0.69,1)	(0.11,0.42,1)	(0.11,0.33,1)

续表 5.8

属性	方案			
	S_1	S_2	S_3	S_4
F_{10}	(0.11,0.47,1)	(0.11,0.56,1)	(0.11,0.56,1)	(0.11,0.56,1)
F_{11}	(0.20,0.64,1)	(0.20,0.45,1)	(0.33,0.78,1)	(0.11,0.42,1)
F_{12}	(0.14,0.32,1)	(0.11,0.64,1)	(0.33,0.69,1)	(0.11,0.54,1)
F_{13}	(0.11,0.64,1)	(0.11,0.56,1)	(0.56,0.78,1)	(0.11,0.47,1)
F_{14}	(0.56,0.78,1)	(0.11,0.56,1)	(0.20,0.45,1)	(0.11,0.64,1)
F_{15}	(0.33,0.33,1)	(0.11,0.53,1)	(0.14,0.43,1)	(0.11,0.56,1)
F_{16}	(0.14,0.43,1)	(0.11,0.42,1)	(0.14,0.54,1)	(0.33,0.69,1)

表 5.9 加权标准化模糊决策矩阵

属性	方案				模糊最优解 P^+	模糊最劣解 P^-
	S_1	S_2	S_3	S_4		
F_1	(0.99,4.49,9)	(0.33,3.64,9)	(0.33,3.64,9)	(0.33,2.73,9)	9	0.33
F_2	(0.33,4.48,9)	(0.99,5.46,9)	(0.33,4.48,9)	(0.33,2.45,9)	9	0.33
F_3	(0.55,3.53,9)	(0.7,3.23,9)	(0.7,2.4,9)	(0.55,5.85,9)	9	0.55
F_4	(0.99,4.8,9)	(0.33,4.8,9)	(0.99,5.85,9)	(0.33,2.48,9)	9	0.33
F_5	(1.4,4.05,9)	(0.77,5.04,9)	(0.77,7.02,9)	(0.77,5.76,9)	9	0.77
F_6	(0.33,3.64,9)	(0.33,3.64,9)	(1.68,5.07,9)	(0.33,4.16,9)	9	0.33
F_7	(0.55,4.48,9)	(0.55,4.48,9)	(2.8,6.24,9)	(0.55,4.48,9)	9	0.55
F_8	(1.65,5.18,9)	(0.55,3.15,9)	(0.7,3.23,9)	(0.55,3.15,9)	9	0.55
F_9	(0.14,1.94,9)	(0.33,3.11,9)	(0.11,1.89,9)	(0.11,1.49,9)	9	0.11
F_{10}	(0.11,2.82,9)	(0.11,3.36,9)	(0.11,3.36,9)	(0.11,3.36,9)	9	0.11
F_{11}	(0.2,3.52,9)	(0.2,2.48,9)	(0.33,4.29,9)	(0.11,2.31,9)	9	0.11
F_{12}	(0.14,1.28,7)	(0.11,2.56,7)	(0.33,2.76,7)	(0.11,2.16,7)	7	0.11
F_{13}	(0.55,5.12,9)	(0.55,4.48,9)	(2.8,6.24,9)	(0.55,3.76,9)	9	0.55
F_{14}	(0.56,4.29,9)	(0.11,3.08,9)	(0.2,2.48,9)	(0.11,3.52,9)	9	0.11
F_{15}	(0.99,1.82,9)	(0.33,2.92,9)	(0.42,2.37,9)	(0.33,3.08,9)	9	0.33
F_{16}	(0.7,3.44,9)	(0.55,3.36,9)	(0.7,4.32,9)	(1.65,5.52,9)	9	0.55

表 5.10　方案与模糊最优解及最劣解的距离 $d_i(S_j,P^-)$

属性	$d_i(S_j,P^+)$				$d_i(S_j,P^-)$			
	S_1	S_2	S_3	S_4	S_1	S_2	S_3	S_4
F_1	5.31	5.88	5.88	6.18	5.57	5.36	5.36	5.19
F_2	5.65	5.06	5.65	6.27	5.55	5.83	5.55	5.15
F_3	5.81	5.84	6.12	5.21	5.17	5.12	4.99	5.75
F_4	5.22	5.56	4.97	6.26	5.64	5.63	5.95	5.16
F_5	5.24	5.27	4.89	5.11	5.13	5.35	5.95	5.56
F_6	5.88	5.88	4.80	5.73	5.36	5.36	5.76	5.47
F_7	5.53	5.53	3.92	5.53	5.38	5.38	6.02	5.38
F_8	4.78	5.93	5.84	5.93	5.60	5.10	5.11	5.10
F_9	6.54	6.05	6.57	6.72	5.24	5.42	5.23	5.19
F_{10}	6.25	6.08	6.08	6.08	5.37	5.46	5.46	5.46
F_{11}	5.99	6.32	5.70	6.42	5.50	5.31	5.67	5.29
F_{12}	5.15	4.73	4.56	4.86	4.03	4.22	4.26	4.15
F_{13}	5.37	5.53	3.92	5.74	5.55	5.38	6.02	5.22
F_{14}	5.58	6.17	6.32	6.03	5.68	5.41	5.31	5.50
F_{15}	6.21	6.11	6.26	6.06	5.09	5.22	5.14	5.25
F_{16}	5.77	5.86	5.50	4.70	5.17	6.14	5.34	5.70

表 5.11　备选解与理想解的相对贴近度

属性	方案			
	S_1	S_2	S_3	S_4
d_i^+	90.280	91.800	86.980	92.830
d_i^-	85.030	84.690	87.140	84.520
C_i	0.485	0.480	0.500	0.477

排列备选方案。依据表 5.11 得出 4 款宝马汽车形态设计方案的优先级排序为：$S_3>S_1>S_2>S_4$。

为了研究 16 项评价属性权重的重要性及其对宝马汽车形态设计方案评价结果的影响，进行 21 项敏感性分析实验，如表 5.12 所示。在实验 No.1～5 中，设定 16 个评价属性的权重评级依次均为(1,1,3)，(1,3,5)，(3,5,7)，(5,7,9)，(7,9,9)。在实验 No.6～21 中，依次设定某一个评价属性权重评级为(7,9,9)，其余的均为

(1,1,3)。通过 3.1 节所述方法过程计算获得 4 款方案的相对贴近度及排序。表 5.12与图 5.8 显示:方案 S_3 在实验 No.1～5、No.8～10、No.15、No.20 中共 10 次排在首位,方案 S_2 共 5 次在实验 No.11、No.12、No.16、No.18、No.21 中排在首位,方案 S_1 共 4 次在实验 No.6、No.7、No.14、No.17 中排在首位,方案 S_4 在实验 No.13、No.19 中共 2 次排在首位。因此,得出评价属性权重对评价结果的影响是比较敏感的,并且方案 S_3 成为最佳首选几率占 47.6%。

表 5.12 敏感性分析实验

实验编号	定义	方案				排序
		S_1	S_2	S_3	S_4	
No.1	$\omega_{F_1\sim F_{16}}=\{1,2,3\}$	0.420	0.409	0.423	0.405	$S_3>S_1>S_2>S_4$
No.2	$\omega_{F_1\sim F_{16}}=\{1,3,5\}$	0.447	0.435	0.450	0.429	$S_3>S_1>S_2>S_4$
No.3	$\omega_{F_1\sim F_{16}}=\{3,5,7\}$	0.456	0.452	0.459	0.440	$S_3>S_1>S_2>S_4$
No.4	$\omega_{F_1\sim F_{16}}=\{5,7,9\}$	0.463	0.460	0.464	0.445	$S_3>S_1>S_2>S_4$
No.5	$\omega_{F_1\sim F_{16}}=\{7,9,9\}$	0.486	0.480	0.496	0.472	$S_3>S_1>S_2>S_4$
No.6	$\omega_{F_1}=\{7,9,9\},\omega_{F_2\sim F_{16}}=\{1,1,3\}$	0.435	0.425	0.430	0.431	$S_1>S_4>S_3>S_2$
No.7	$\omega_{F_2}=\{7,9,9\},\omega_{F_1,F_3\sim F_{16}}=\{1,1,3\}$	0.449	0.428	0.406	0.422	$S_1>S_2>S_3>S_4$
No.8	$\omega_{F_3}=\{7,9,9\},\omega_{F_1\sim F_2,F_4\sim F_{16}}=\{1,1,3\}$	0.420	0.407	0.443	0.417	$S_3>S_1>S_4>S_2$
No.9	$\omega_{F_4}=\{7,9,9\},\omega_{F_1\sim F_3,F_5\sim F_{16}}=\{1,1,3\}$	0.423	0.384	0.456	0.380	$S_3>S_1>S_2>S_4$
No.10	$\omega_{F_5}=\{7,9,9\},\omega_{F_1\sim F_4,F_6\sim F_{16}}=\{1,1,3\}$	0.436	0.433	0.439	0.392	$S_3>S_1>S_2>S_4$
No.11	$\omega_{F_6}=\{7,9,9\},\omega_{F_1\sim F_5,F_7\sim F_{16}}=\{1,1,3\}$	0.435	0.448	0.437	0.418	$S_2>S_3>S_1>S_4$
No.12	$\omega_{F_7}=\{7,9,9\},\omega_{F_1\sim F_6,F_8\sim F_{16}}=\{1,1,3\}$	0.436	0.447	0.435	0.419	$S_2>S_1>S_3>S_4$
No.13	$\omega_{F_8}=\{7,9,9\},\omega_{F_1\sim F_7,F_9\sim F_{16}}=\{1,1,3\}$	0.429	0.407	0.430	0.431	$S_4>S_3>S_1>S_2$
No.14	$\omega_{F_9}=\{7,9,9\},\omega_{F_1\sim F_8,F_{10}\sim F_{16}}=\{1,1,3\}$	0.445	0.421	0.428	0.405	$S_1>S_3>S_2>S_4$
No.15	$\omega_{F_{10}}=\{7,9,9\},\omega_{F_1\sim F_9,F_{11}\sim F_{16}}=\{1,1,3\}$	0.435	0.425	0.436	0.417	$S_3>S_1>S_2>S_4$
No.16	$\omega_{F_{11}}=\{7,9,9\},\omega_{F_1\sim F_{10},F_{12}\sim F_{16}}=\{1,1,3\}$	0.408	0.440	0.431	0.421	$S_2>S_3>S_4>S_1$
No.17	$\omega_{F_{12}}=\{7,9,9\},\omega_{F_1\sim F_{11},F_{13}\sim F_{16}}=\{1,1,3\}$	0.437	0.436	0.423	0.401	$S_1>S_2>S_3>S_4$
No.18	$\omega_{F_{13}}=\{7,9,9\},\omega_{F_1\sim F_{12},F_{14}\sim F_{16}}=\{1,1,3\}$	0.436	0.448	0.432	0.423	$S_2>S_1>S_3>S_4$
No.19	$\omega_{F_{14}}=\{7,9,9\},\omega_{F_1\sim F_{13},F_{15}\sim F_{16}}=\{1,1,3\}$	0.434	0.397	0.439	0.442	$S_4>S_3>S_1>S_2$
No.20	$\omega_{F_{15}}=\{7,9,9\},\omega_{F_1\sim F_{14},F_9\sim F_{16}}=\{1,1,3\}$	0.423	0.384	0.456	0.380	$S_3>S_1>S_2>S_4$
No.21	$\omega_{F_{16}}=\{7,9,9\},\omega_{F_1\sim F_{15}}=\{1,1,3\}$	0.421	0.510	0.476	0.487	$S_2>S_4>S_3>S_1$

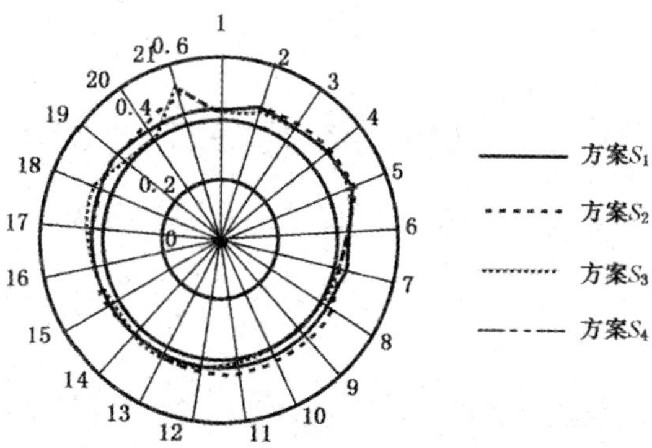

图5.8 4款汽车形态方案敏感性分析雷达图

综合以上过程分析，最终确立 S_3 为最优设计方案。研究案例证明，基于 FTOPSIS 方案排序方法可以有效实施汽车方案设计评价与优选，确保评价过程的客观性与准确性，为企业进行后续开发提供明确方向与指导。

5.6 本章小结

本章的主要工作是将 FT 与 TOPSIS 结合，构建了基于 FTOPSIS 的人机产品设计方案多属性群决策模型与方法，同时拓宽了传统 TOPSIS 的应用领域。得到以下结论：

(1) 为了确保评价过程的准确实施，构建了评价属性体系，提出了基于 E 设计要素与基于形态特征群的两种评价属性构建方法，前者得出 16 项评价属性，适合不同类人机产品方案评价，更具有通用性。后者以汽车设计为例，获取了 16 项评价属性，但仅适用于汽车相关产品的评价，对于其他不同类型人机产品评价时需重新分析各形态特征群，将产生不同的评价属性。在后面的案例评价中将采用基于 E 设计要素的 16 项评价属性进行方案评价。

(2) 利用 1,3,5,7,9 变换标度将语言变量转换为三角模糊数，通过多名决策者问卷反馈数据信息获取多款设计方案的整体评价属性与方案的模糊权重评级，开发 FTOPSIS 方案排序方法，并通过敏感性分析确立评价属性权重对设计方案评价结果的影响，从而选出最优设计方案。

(3) 基于 FTOPSIS 模糊多属性群决策方法可以消减决策者对方案评价的主观性与复杂性，实现相对客观的方案排序与优选，有效降低了设计阶段由于多款方案的评价误选带来的后期资金投入风险。最终通过 4 款宝马汽车形态方案设计评价，验证了方法的可行性与有效性。

第6章 人机产品创新设计与评价完整集成模型创建与应用

用户需求的准确识别、创新设计关键问题与关键设计区域定位、具体创新方案的产生，及若干设计方案的模糊多属性群决策是人机产品开发设计阶段创新与评价过程中不可或缺的四个环节，关于每个环节的具体实施模型与方法分别在第2、3、4、5章中进行了详细的阐述与分析。该四个环节依次连接构成了人机产品创新设计与评价四阶段式完整过程。本章重点依据第2、3、4、5章的研究基础，试图将基于FTOPSIS的模糊多属性群决策评价方法与创新设计方案产生集成模型E/QFD/TRIZ相结合，创建面向人机产品创新设计与评价的完整集成模型与方法过程。最终通过厨房烟机灶具的人机创新设计与评价论证了所创建的完整集成模型与方法过程的有效性与可行性。

6.1 完整集成模型E/QFD/TRIZ/FTOPSIS创建

第4章提出的E/QFD/TRIZ集成模型与具体方法，适用于人机产品具体方案的产生。一方面，该集成模型有效弥补了传统QFD的缺陷1、2、3、4(见3.1.4节)，主要表现在：(1)解决了传统QFD方法中由于矩阵规模过大导致计算复杂且质量功能展开过程复杂的问题；(2)将基于E理论的用户需求评价方法作为质量屋的输入，确保了用户需求源头输入的准确性；(3)准确的用户需求保证了其转化为人机产品设计特性的准确性，通过用户需求与人机产品设计特性关系矩阵计算获取人机产品设计优先度，并依据人机产品设计特性相关矩阵确立负相关设计特性，作为创新的瓶颈问题，可有效实现创新设计的准确定位；(4)TRIZ理论的融入，将创新的瓶颈问题有效转化为TRIZ问题，利用TRIZ理论的40项发明原理、冲突矩阵与分离原理提供具体的创新方法与手段，有效化解创新过程中的冲突问题，从而实现人机产品方案的快速创新与产生。另一方面，E/QFD/TRIZ集成模型消除了TRIZ理论的缺陷1、2(见4.1.4节)，主要表现在：(1)可以提供源自用户需求的创新设计关键问题；(2)利用E设计原则指导设计方案的产生，弥补了TRIZ理论缺少相关人机设计指导原理的缺陷。但是，针对传统QFD方法的缺陷5(见3.1.4节)与TRIZ

理论的缺陷 3(见 4.1.4 节),即共有的缺陷,无法提供客观的设计方案评价方法,E/QFD/TRIZ 集成模型仍无法解决。然而,第 5 章提出的 FTOPSIS 方法可有效实现多个方案的优选评价,故将基于 FTOPSIS 模糊多属性群决策评价方法融入 E/QFD/TRIZ 集成模型,构建了 E/QFD/TRIZ/FTOPSIS 完整集成模型,如图 6.1 所示。该完整集成模型包括 4 个子模型,分别是基于 E 理论的用户需求获取与评价模型、简化的 QFD 质量屋模型、TRIZ 理论解决问题模型以及基于 FTOPSIS 的模糊多属性群决策模型。4 个子模型相互结合与贯穿,构建出完整的集成模型。

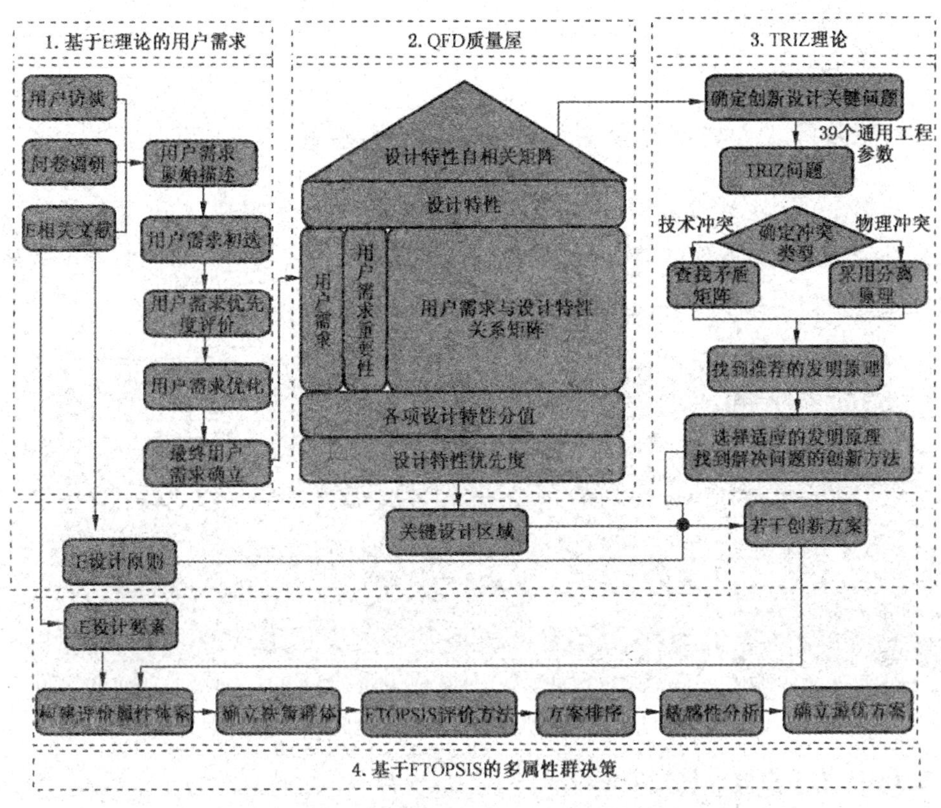

图 6.1 E/QFD/TRIZ/FTOPSIS 完整集成模型

E/QFD/TRIZ/FTOPSIS 完整集成模型的具体实施步骤为:

步骤 1:基于三角测量法的用户需求原始描述;

步骤 2:用户需求初选;

步骤 3:基于李克特 5 点量表法的用户需求优先度评价;

步骤 4:基于因子分析方法的用户需求数据优化;

步骤 5:最终用户需求评价;

步骤 6:用户需求与设计特性关系构建;

步骤 7:构建质量屋确立设计特性优先度与正负相关性;

步骤 8:关键创新问题与关键设计区域确立;

步骤 9:关键创新问题与 TRIZ 问题转化;

步骤 10:创新设计冲突分析与消除;

步骤 11:具体创新方案产生;

步骤 12:评价属性确定;

步骤 13:FTOPSIS 方案排序;

步骤 14:敏感性分析;

步骤 15:最优方案确定。

6.2 四阶段式人机产品创新与评价完整过程分析

依据图 6.1 所示的 E/QFD/TRIZ/FTOPSIS 完整集成模型,将设计阶段的人机产品创新设计与评价过程分为四个阶段,提出四阶段式人机产品创新设计与评价完整过程如图 6.2 所示。

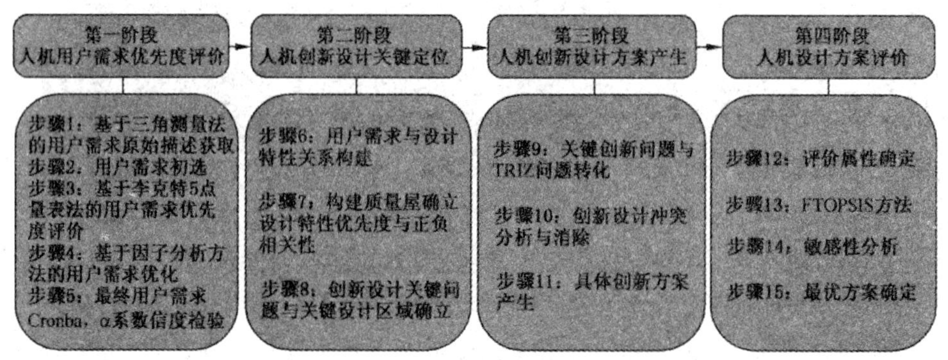

图 6.2 四阶段式人机产品创新设计与评价完整过程

6.2.1 人机用户需求优先度评价

人机产品创新设计与评价过程的第一阶段:人机用户需求优先度评价。本阶段的目标是准确地获取用户需求并对其进行优先度评价。重点与难点是如何利用基于 E 理论的用户满意度模型获取人机用户需求,并保证用户需求的准确性与完整性。

在具体方法上,构建了基于 E 理论的用户需求评价模型。采用基于专家访谈、问卷调研与 E 理论文献三种数据资料,获取原始用户需求描述。由 E 专家与工业设计师依据专业知识背景与实践经验,将重复、相似、模糊的用户需求分别进行删除、合并与转化。针对所获取的人机用户需求,对其重要性问题,通过问卷采用李克特 5 点量表法进行优先度评价，再经由因子分析法实施用户需求结构优化。问卷采用 1，2，3，4，5 正向给分表示用户需求重要性，依次为极不重要、不重要、一般重要、重要、极为重要，共五个等级，并运用 SPSS 数理统计软件求解各项用户需求的平均值与标准差，从而确立用户需求优先度。通过 KMO 检验，进行用户需求数据的效度分析。若 KMO＞0.7，则用户需求数据适合做因子分析，具有统计学意义。采用 Cronbach's Alpha 系数进行信度检测。若最终各组用户需求数据的 Alpha＞0.7，则符合信度要求，结合各项用户需求数据的项总计相关系数与被删除的 Alpha 取值进行用户需求数据筛除，最终获得准确完整的人机用户需求及其优先度。

6.2.2　人机创新设计关键定位

人机产品创新设计与评价过程的第二阶段：人机创新设计关键定位。本阶段的目标是基于用户驱动定位设计过程中的关键创新问题与设计关键区域。简言之，即“创新什么”。重点与难点是如何将第一阶段获取的用户需求转化到设计过程中，并挖掘出关键创新问题与关键设计区域。

在具体方法上，将第一阶段人机用户需求作为源头信息输入简化的 QFD 质量屋，采用 0，1，3，5 比例标度确定用户需求与设计特性相关度，通过计算求得每个设计特性对每项用户需求的强弱关系总体分值，从而获得设计特性优先度排序，据此确立创新设计关键区域。另外，依据设计特性之间的负相关性识别创新设计关键问题，最终创建了 E/QFD 集成模型。故第二阶段的核心内容是应用 E/QFD 集成模型与具体方法定位人机产品创新设计关键。

6.2.3　人机创新设计方案产生

人机产品创新设计与评价过程的第三阶段：人机创新方案产生。本阶段的目标是快速地产生人机产品创新设计具体方案。重点与难点是“如何创新”，即采取何种具体方法与工具实现具体方案快速创新。

在具体方法上，将第二阶段所获得的关键创新问题，通过 TRIZ 理论中的 39 项通用工程参数将其转化为 TRIZ 问题，再利用 TRIZ 冲突分析方法确立冲突问题的类型，其中技术冲突采用 TRIZ 理论的冲突矩阵及其所推荐的发明原理消除，物理冲突则依据 TRIZ 理论的分离原理及其所推荐的发明原理化解，最终结合实际关键创新问题，选择适合的发明原理所阐述的具体创新方法与思路，并结合 E 设计原则与关键设计区域，产生若干人机创新设计方案。故本阶段创建了 E/QFD/TRIZ 集成模型。因此，第三阶段的核心内容是应用 E/QFD/TRIZ 集成模型与具体方法产生人机产品创新设计具体方案。

6.2.4 人机设计方案评价

人机产品创新设计与评价过程的第四阶段：人机创新方案评价。本阶段的目标是针对若干人机产品创新方案，客观地优选与决策出最佳设计方案。重点与难点是开发何种客观评价方法进行设计方案的科学优选与决策。

在具体方法上，将基于E设计要素的评价属性体系用于设计方案的决策过程。利用FT中的三角模糊数与语言变量，选取1,3,5,7,9比例标度将语言项转换为评价属性与设计方案的三角模糊数评级，将其融入传统TOPSIS方法中，提出基于FTOPSIS的模糊多属性群决策评价模型与方法。因此，第四阶段的核心内容是应用该评价模型与方法实施若干人机产品创新设计方案的客观评价。

综上所述，提出的四阶段式人机产品创新设计与评价完整过程，体现了一种基于多学科理论相互贯穿与互补的思想。其将E理论、QFD方法、TRIZ理论、FTOPSIS方法进行了有效整合，利用多种理论方法的思想与特点指导创新设计具体过程，弥补各种理论的不足，且相互结合贯穿，发挥了理论集成的极大优势。

6.3 E/QFD/TRIZ/FTOPSIS完整集成模型在烟机灶具创新中的应用[176]

6.3.1 厨房烹饪工作中的危害

人在厨房烹饪工作中所受到的主要危害来源于三个方面，分别是油烟、噪音及不良的产品设计。

首先，油烟是食用油或食品在高温下的热裂解所产生的挥发性物质，其主要成分有：醛、酮、脂肪酸、醇、芳香族化合物等有害物质；一氧化碳、二氧化碳、二氧化硫等有害气体；苯并芘、挥发性亚硝胺、杂环胺类化合物等高致癌物。油烟对人体与环境的危害主要表现在：油烟对眼、鼻、咽喉黏膜有强烈的刺激，可以引起慢性角膜炎、鼻炎、咽喉炎、气管炎等疾病。油烟侵入呼吸道，可引起食欲减退、心烦、精神不振、嗜睡、疲乏无力等症状，医学上称为“油烟综合症”；厨房油烟中的致癌物使人体细胞组织发生突变，易患肺癌、乳腺癌，并能破坏生殖系统，使女性患子宫肌瘤、不孕症的几率较高；油烟颗粒附着在女性的皮肤上，造成毛细孔堵塞，加速女性皮肤组织老化，导致肌肤变粗糙，出现皱纹、黑色斑块等；油烟污染家具和家电，滋生和繁殖大量细菌，严重影响家居美观，造成清理负担。相关数据显示：餐厅工作人员较一般人更易暴露于油烟污染的环境中，以长时间烹调食物的厨师来说，患鼻咽癌、上呼吸道癌的风险比较高；而我国妇女患肺癌的几率高，与烹调时的油烟有很大的关系，仅二成与吸烟有关。台湾大学医学院曾做过调查，发现妇女煮饭时未使用烟机者，比使用者患肺癌几率高出 3～5 倍，可见使用烟机与油烟处理设备极为重要[177-179]。

其次，长时间接触噪音会对人体的中枢神经系统产生影响并损伤听力。长期接触声强 80～90 dB 的高频率噪音，会造成听觉的慢性损伤，导致听力下降而成为永久性的损伤。噪音还会干扰睡眠质量与时间，老年人与病人对噪音的干扰会更敏感。厨房的烹饪噪音一方面来自烹调食物产生的噪音，另一方面是烟机使用带来的工作噪音。传统悬挂式上排风烟机工作高度处于人体听觉器官位置，长期在厨房作业容易造成人体心烦、头晕、耳鸣目眩。

最后，烟机灶具设计的不合理会使厨房油烟残留较多，居室空气污浊，长期与油烟接触对身体不利且环保性差。烟机形态与悬挂高低位置不当，增加了人的头部与其发生误撞的风险。灶具尺度、高低位置不当，导致烹饪工作中的上肢累积性伤害等。

因此，针对传统家庭厨房的分体式烟机灶具，如图 6.3 所示，进行改良创新设计。一方面，通过烟机灶具的创新设计降低现有厨房烹饪工作的危害，打造健康环保厨房的设计理念，减少不良产品使用对用户带来的不利影响；另一方面，依据人机产品创新设计与评价完整集成模型与四阶段式过程方法，实现烟机灶具的创新，从而论证所提出模型与方法的可行性。

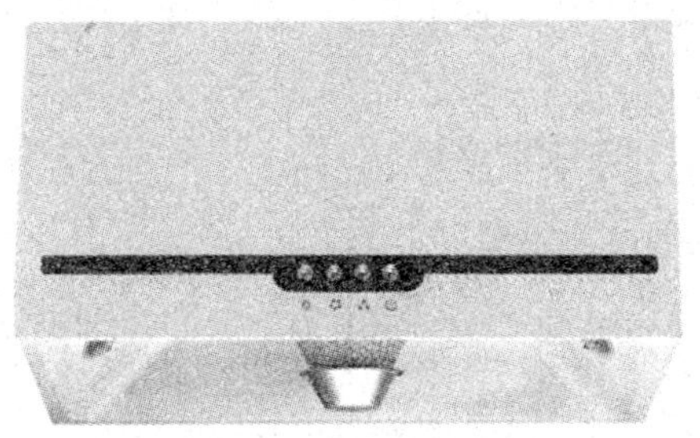

图 6.3　传统分体式烟机灶具

6.3.2　基于 E/QFD/TRIZ/FTOPSIS 的烟机灶具创新过程

依据 E/QFD/TRIZ/FTOPSIS 完整集成模型与四阶段式创新设计与评价过程的具体步骤，对传统厨房分体式烟机灶具进行创新，具体过程如下所述：

第一阶段：厨房烟机灶具用户需求评价

步骤 1：烟机灶具的用户需求原始描述

针对传统分体式抽油烟机与燃气灶的使用环境与操作过程，通过三角测量法，即问卷调研、专家访谈及 E 理论相关文献三种方式，获得 56 项用户需求原始描述，如表 6.1 所示。

表 6.1　用户需求原始描述

用户需求原始描述	
1. 吸油烟率强	29. 灶头适用于不同锅具
2. 噪音小	30. 自动清洗
3. 燃气能充分燃烧且节能	31. 增加有用功能
4. 火力大小可依据实际需求准确调节	32. 功能系统结构合理
5. 安全	33. 智能化操控
6. 避免悬挂式烟机使用中，用户头部无意间碰触，造成疼痛	34. 静音
7. 表面油污易清洗	35. 100%吸油烟率
8. 油盒拆装方便	36. 控制面板简单易用
9. 油盒易清洗	37. 使用舒适
10. 灶头火力强	38. 避免误操作
11. 按键易清理维护	39. 省力
12. 点火开关易用	40. 操作愉悦
13. 按键容易操控	41. 灶头通用性
14. 省空间	42. 漏电保护装置
15. 安全语音报警功能	43. 唯一的燃气进口
16. 品质高	44. 热效率高，应大于 50%
17. 经久耐用	45. 熄火保护装置
18. 外观漂亮	46. 细致的工艺
19. 高端上档次	47. 噪音不大于 74 dB
20. 时尚大气	48. 风量尽量大
21. 个性化	49. 风压尽量大
22. 极具装饰性	50. 尺度合理
23. 颜色能与厨房风格搭配	51. 独特
24. 流线型外观	52. 别致
25. 色彩宜人	53. 高雅
26. 造型好看	54. 操作乐趣
27. 具有定时功能	55. 灶台操控高度舒适
28. 具有音乐播放功能	56. 按键使用舒适

步骤 2：烟机灶具的用户需求初选

E 专家与工业设计师将模糊、相近及重复的用户需求原始描述进行转化、合并及删除预处理，获得 21 项初选用户需求，如表 6.2 所示。

表 6.2　烟机灶具的用户需求初选

序号	用户需求	定义	归纳于
1	吸油烟效能	烟机吸油烟的效果与能力	1/35/48/49
2	舒适	烟机噪音尽可能低；灶具与烟机整机操控舒适	2/34/37/39/47/55/56
3	火力效能	灶具火力强，大小可调，能够充分燃烧且节能	3/4/10/44
4	安全	安全操作，安全使用与相关安全装置	5/6/15/38/42/43/45
5	易维护	易于清洁、维护、保养	7/8/911
6	易用	控制面板简便，方便使用	12/13/36
7	省空间	整体尺度与结构合理，节省空间	14/50
8	耐用	材料与品质优质，使用寿命长	16/17
9	形态美观	外观造型美观	18/26
10	个性化	与众不同，彰显特色	21
11	流线型	外观轮廓呈流线型曲线形式	24
12	装饰效果	装饰性的图案、材料	22
13	色彩宜人	色彩和谐、舒适，使人愉悦	25/23
14	时间显示功能	时间显示与定时功能	27
15	音乐播放功能	音乐播放功能	28
16	通用性	灶头尺度标准，适用不同底部样式的锅具	29/41
17	风格协调	整体式样与橱柜及厨房其他物件匹配	19/20
18	多功能	除基本功能外，兼具额外必要的辅助功能	31/32
19	智能操控	智能操控面板，自动化系统	30/33/40/54
20	唯一性	独特，不雷同	51/52
21	精细的工艺	材料与工艺处理精细度高	46

步骤 3：基于李克特 5 点量表法的厨房烟机灶具用户需求优先度评价

一共有 50 名受试者参与关于 21 项初选厨房烟机灶具用户需求的重要度评估问卷调研。问卷(附录 B)基于李克特 5 点量表法，即采用 1，2，3，4，5 比例标度，依次表示用户需求极不重要、不重要、一般重要、重要、极为重要，共五个等级的重要性程度，并运用 SPSS 数理统计软件计算各项用户需求的平均值与标准差，从而确立初选用户需求优先度，如表 6.3 所示。

表 6.3 初选用户需求优先度

排序	用户需求	受试者评分	
		Mean	SD.
1	吸油烟效能	4.52	0.43
2	安全	4.38	0.49
3	火力效能	4.30	0.64
4	耐用	4.26	0.83
5	易用	4.16	0.94
6	舒适	4.04	1.07
7	易维护	4.02	0.58
8	多功能	3.96	1.05
9	智能操控	3.90	1.02
10	省空间	3.18	0.92
11	通用性	3.02	0.97
12	形态美观	2.98	0.75
13	色彩宜人	2.92	0.79
14	精细的工艺	2.70	0.94
15	风格协调	260	1.09
16	装饰效果	2.46	0.96
17	个性化	2.38	1.02
18	时间显示功能	2.32	1.06
19	流线型	2.24	1.10
20	音乐播放功能	2.18	1.37
21	唯一性	1.96	1.26

步骤 4:基于因子分析方法的烟机灶具用户需求数据优化

如 2.3.4 小节中所述,针对 21 项初选厨房烟机灶具用户需求,利用数理统计分析方法进行数据结构优化,最终构成 2.2.1 小节中所阐述的人机用户需求三个维度,实施用户需求的多维分析。利用 2.3.4 中所提到的因子分析算法和矩阵直角旋转(方差极大旋转)方法来实施用户需求数据优化。采用特征值等于 1 的萃取标准,获得 6 组因子集合。然后,对数据进行直角矩阵旋转,最终发现转轴后的因子成分矩阵如表 6.4 所示。

表 6.4　因子成分矩阵

用户需求	Factor1	Factor2	Factor3	Factor4	Factor5	Factor6
形态美观	0.782					
色彩宜人	0.779					
风格协调	0.773					
装饰效果	0.773					
个性化	0.755					
流线型	0.713					
唯一性	0.700					
灶头通用性	0.678					
省空间	0.653					
智能操控	0.629					
易用	0.547					
舒适	0.542					
易维护	0.513					
安全	0.457					
时间显示功能		0.651				
音乐播放功能		0.618				
精细的工艺	0.403	0.587				
多功能		0.535				
吸油烟效能		0.501				
耐用			0.426			
火力效能			0.422	0.415		

依据因子分析结果，由于在第 5 组与第 6 组中没有包括权重大于 0.4 的因子，故在后续分析中不予考虑，剩余的前 4 组因子可以解释 72.5%的变量变异量，具有统计学意义。为了依据人机用户需求满意度三维分类将用户需求进行归类，对其进行如下调整：首先，按照用户需求特点将第一组因子集分为两组，涵盖了“人机情感”与“人机交互”两个维度的用户需求。其次，将第三组、第四组因子与第二组合并属于“人机效能”维度当中。最终产品被划分到人机交互、人机情感、人机效能三个维度当中，如表 6.5所示。

表 6.5 初选用户需求分类

人机用户需求满意度三维分类	用户需求
人机交互	通用性、省空间、智能操控、易用、舒适、易维护、安全
人机情感	形态美观、色彩宜人、风格协调、装饰效果、个性化、流线型、唯一性、精细的工艺
人机效能	吸油烟效能、火力效能、多功能、时间显示功能、音乐播放功能、耐用

步骤 5:烟机灶具的最终用户需求评价

按照 21 项初选烟机灶具的用户需求分类结果,对其内部一致性采用 Cronbach's 系数进行信度检验,检验结果如表 6.6 所示。

最终三个维度用户需求 Alpha 均大于 0.7,符合信度要求。但结果显示装饰效果、个性化、流线型、唯一性、时间显示功能、音乐播放功能项总计相关系数小于 0.4,当被删除时,其分别对应的 Alpha 大于三个维度所有用户需求 Alpha 取值。因此,将这几项删除,保证数据的有效性。15 项最终用户需求及其优先度确定,如表 6.7 所示。

表 6.6 问卷内部一致性检验结果

人机用户需求满意维度	排序	用户需求	Item-Total Correlation	Alpha if Item deleted	Alpha with all items
人机交互	2	安全	0.584	0.784	0.807
	5	易用	0.625	0.805	
	6	舒适	0.553	0.721	
	7	易维护	0.699	0.762	
	9	智能操控	0.604	0.801	
	10	省空间	0.530	0.797	
	11	通用性	0.537	0.749	
人机情感	12	形态美观	0.382	0.822	0.873
	13	色彩宜人	0.765	0.764	
	14	精细的工艺	0.609	0.852	
	15	风格协调	0.512	0.835	
	16	装饰效果	0.316	0.891	
	17	个性化	0.304	0.877	

续表 6.6

人机用户需求满意维度	排序	用户需求	Item-Total Correlation	Alpha if Item deleted	Alpha with all items
	19	流线型	0.257	0.884	
	21	唯一性	0.355	0.895	
人机效能	1	吸油烟效能	0.489	0.711	0.765
	3	火力效能	0.482	0.737	
	4	耐用	0.579	0.749	
	8	多功能	0.602	0.736	
	18	时间显示功能	0.217	0.794	
	20	音乐播放功能	0.256	0.781	

表 6.7　最终用户需求及其优先度

人机用户需求满意维度	排序	用户需求	优先度
人机交互	2	安全	4.38
	5	易用	4.16
	6	舒适	4.04
	7	易维护	4.02
	9	智能操控	3.90
	10	省空间	3.18
	11	通用性	3.02
人机情感	12	形态美观	2.98
	13	色彩宜人	2.92
	14	精细的工艺	2.70
	15	风格协调	2.60
人机效能	1	吸油烟效能	4.52
	3	火力效能	4.30
	4	耐用	4.26
	8	多功能	3.96

第二阶段：烟机灶具创新设计关键定位

步骤 6：烟机灶具用户需求与设计特性关系构建

由 10 位工业设计师与 10 位 E 专家共同分析提炼，将最终优化的 15 项用户需求依次转化为相关设计特性，获得 25 项 50% 的设计师与专家共同认可的设计特性，具体如表 6.8 所示。

表 6.8 14 项用户需求转化对应的 25 项设计特性

用户需求	对应设计特性	用户需求	对应设计特性
安全易用	→ 报警装置	色彩宜人形态美观	→ 色彩搭配度
	→ 按键结构		→ 外观比例
	↘ 按键形态		↘ 外观尺度
舒适	→ 烟机高于用户头部的距离	精细的工艺	→ 导角
	↘ 灶台高度		↘ 接缝
	↘ 控制面板位置		↘ 连接件
易维护	→ 面板平滑度	吸油烟效能	→ 烟机与灶台的距离
	↘ 油盒结构与形态		↘ 烟机吸风口结构
智能操控省空间	→ 智能按键	火力效能多功能	→ 灶头结构
	→ 体积		→ 功能空间配置
	↘ 结构		↘ 功能系统
通用性	→ 灶头支架形态	耐用	→ 材料与工艺
风格协调	→ 点线面处理		

步骤 7：构建厨房烟机灶具质量屋

依据第 3.2.1 节提出的简化的 QFD 质量屋方法，构建烟机灶具设计质量屋，如图 6.4 所示。

步骤 8：厨房烟机灶具关键创新问题与关键设计区域确立

依据图 6.4 所示质量屋屋顶处的设计特性自相关矩阵，获得 3 对负相关特性，如表 6.9 所示。据此确立烟机灶具 3 个关键创新问题，即：

(1) 消除“烟机与灶台的距离”与“烟机与用户头部的距离”之间的冲突；

(2) 消除“功能空间配置”与“结构”之间的冲突；

(3) 消除“功能系统”与“外观尺度”之间的冲突。

通过质量屋中用户需求与设计特性关系矩阵，获得设计特性优先度排序。依据结果确立功能系统、功能空间配置、烟机吸风口结构、灶头结构、外观尺度、控制面板位置为关键设计区域。

表 6.9　烟机灶具的负相关性设计特性

	负相关性的设计特性
第 1 对负相关	“烟机与灶台的距离”与“烟机与用户头部的距离”
第 2 对负相关	“功能空间配置”与“结构”
第 3 对负相关	“功能系统”与“外观尺度”

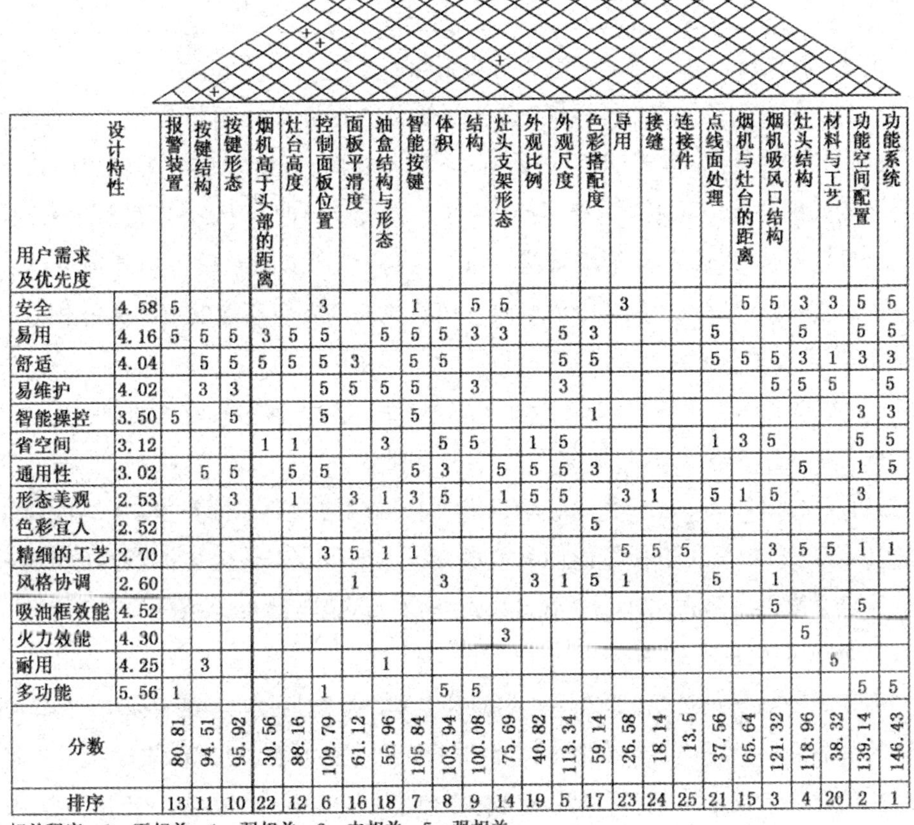

用户需求及优先度 \ 设计特性		报警装置	按键结构	按键形态	烟机高于头部的距离	灶台高度	控制面板位置	面板平滑度	油盒结构与形态	智能按键	体积	结构	灶头支架形态	外观比例	外观尺度	色彩搭配度	导用	接缝	连接件	点线面处理	烟机与灶台的距离	烟机吸风口结构	灶头结构	材料与工艺	功能空间配置	功能系统
安全	4.58	5					3			1		5	5				3				5	5	3	3	5	5
易用	4.16	5	5	5	3	5	5		5	5	5	3	3		5	3				5			5		5	5
舒适	4.04		5	5	5	5	5	3		5	5				5	5				5	5	5	3	1	3	3
易维护	4.02		3	3			5	5	5	5		3			3							5	5	5		5
智能操控	3.50	5		5			5			5						1									3	3
省空间	3.12				1	1			3		5	5		1	5					1	3	5			5	5
通用性	3.02		5	5		5	5			5	3		5	5	5	3							5		1	5
形态美观	2.53			3		1		3	1	3	5		1	5	5		3	1		5	1	5			3	
色彩宜人	2.52															5										
精细的工艺	2.70						3	5	1	1							5	5	5			3	5	5	1	1
风格协调	2.60							1			3			3	1	5	1			5		1				
吸油框效能	4.52																					5			5	
火力效能	4.30												3										5			
耐用	4.25		3						1															5		
多功能	5.56	1					1				5	5													5	5
分数		80.81	94.51	95.92	30.56	88.16	109.79	61.12	55.96	105.84	103.94	100.08	75.69	40.82	113.34	59.14	26.58	18.14	13.5	37.56	65.64	121.32	118.96	38.32	139.14	146.43
排序		13	11	10	22	12	6	16	18	7	8	9	14	19	5	17	23	24	25	21	15	3	4	20	2	1

相关程度：0—无相关　1—弱相关　3—中相关　5—强相关

图 6.4　烟机灶具设计质量屋

第三阶段：厨房灶具创新方案产生阶段

步骤 9：关键创新问题与 TRIZ 问题转化

根据 3 个关键创新问题及负相关设计特性，分别构建其与 TRIZ 理论中 39 项通用工程参数(见表 4.5)的对应关系，如表 6.10 所示。实际创新设计关键问题中的冲突特性可以应用负相关设计特性对应的通用工程参数替代，从而实现关键创新问题与 TRIZ 一般问题的转化。

表 6.10 负相关设计特性与 TRIZ 通用工程参数的对应关系

关键创新问题	负相关设计特性对应的 TRIZ 理论通用工程参数
1. 消除“烟机与灶台的距离”与“烟机与用户头部的距离”之间的冲突	烟机与灶台的距离→ 2. 静止物体的长度 烟机与用户头部的距离→ 2. 静止物体的长度
2. 消除“功能空间配置”与“结构”之间的冲突	功能空间配置→ 33. 可操作性 结构→ 32. 可制造性
3. 消除“功能系统”与“外观尺度”之间的冲突	功能系统→ 27. 可靠性 外观尺度→ 4. 静止物体的长度

步骤 10:关键创新问题的冲突分析与消除

第 1 个关键创新问题,即解决“烟机与灶台的距离”与“烟机与用户头部的距离”之间的冲突。若分体式烟机与用户头部距离长时,可以避免与头部的误撞,但是会造成烟机与灶台的距离过长,导致吸油烟的效能较低。因此,烟机与灶台的距离应该尽可能短,以确保高吸烟效能。由此可得,该冲突问题属于物理冲突,可利用 TRIZ 分离原理(见表 4.6)中的空间分离所建议的发明原理实现冲突的化解,相关发明原理编号为:No. 1,No. 2,No. 3,No. 7,No. 13,No. 17,No. 24,No. 26,No. 30。依据实际分问题,首先选择发明原理“No. 13:反向”,提出将处于灶台之上的烟机上排风结构改变为处于灶台之下的下排风式。由于传统灶台下方设有橱柜,利用发明原理“No. 7:套装”,将烟机的下排风结构嵌套在橱柜里。再利用发明原理“No. 17:维数变化中使物体倾斜或改变方向的方法”,使分体式烟机的水平下吸式风口变为垂直侧吸式或环吸式。由此解决“烟机与灶台的距离”与“烟机与用户头部的距离”之间的冲突。

第 2 个关键创新问题,即消除“功能系统”与“外观尺度”之间的冲突。当功能系统的可靠性提升时,会导致外观尺度的长度或宽度加大,使其体量增大。因此,该冲突问题属于技术冲突,可以利用 TRIZ 理论冲突矩阵(见图 4.6)及其所建议的发明原理消除。

第 3 个关键创新问题,即消除“功能空间配置”与“结构”之间的冲突。当提升功能空间配置的可操作性时,导致结构的可制造性恶化。所以,该冲突问题亦属于技术冲突,解决冲突方式与第 2 个创新问题相同。因此,将这两个问题分别转化为“27. 可靠性”与“4. 静止物体的长度”,“33. 可操作性”与“32. 可制造性”之间的冲突,利用图 6.5 所示的冲突解决矩阵,获得相应的推荐发明原理编号。依据实际问题，在推荐的四个发明原理编号 No.15，No.28，No.29，No.11 中选择“No.28：机械系统的替代中用电场、磁场、光波、电磁波完成与物体的相互作用实现功能”，提出利用臭氧、紫外线、光波或电磁波增强消毒功能系统，微波与光波烹饪功能系统等。再经由推荐的三个发明原理编号 No.2，No.5，No.12 中选择“No.5：合并”，提出将所有功能系统合并，即提出将烟机、灶具、橱柜集成于一体。由此第 2、3 个关键创新问题中的冲突依次得到消除。

	恶化的参数					
改进的参数	…	…	4. 静止物体的长度	…	32. 可制造性	…
	27. 可靠性	…	15, 28, 29, 11	…	…	…
	…	…	…	…	…	…
	33. 可操作性	…	…	…	2, 5, 12	…
	…	…	…	…	…	…

图 6.5　解决冲突问题的局部冲突矩阵

步骤 11：具体创新方案产生

依据上一个步骤得出的创新思路与概念：采用重直侧吸式或环吸式烟机吸风口及下排风结构，增强消毒功能系统、微波与光波烹饪功能系统，将烟机、灶具、橱柜集成于一体。另外，应用 E 设计原则对六个关键设计区域：功能系统、功能空间配置、烟机吸风口结构、灶头结构、外观尺度与控制面板位置进行设计指导，得出 4 款集成环保灶创新设计方案手绘草图，如图 6.6(a)、(b)、(c)、(d)所示。再根据草图利用计算机辅助三维建模软件 Rhino 5.0，创建 4 款方案三维效果图 S_1，S_2，S_3，S_4，如图 6.7、6.8、6.9、6.10 所示。

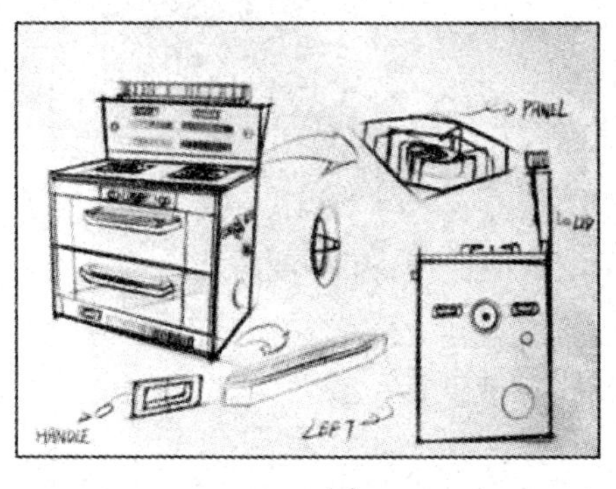

(a)

(b)

图 6.6　集成环保灶 4 款方案手绘草图

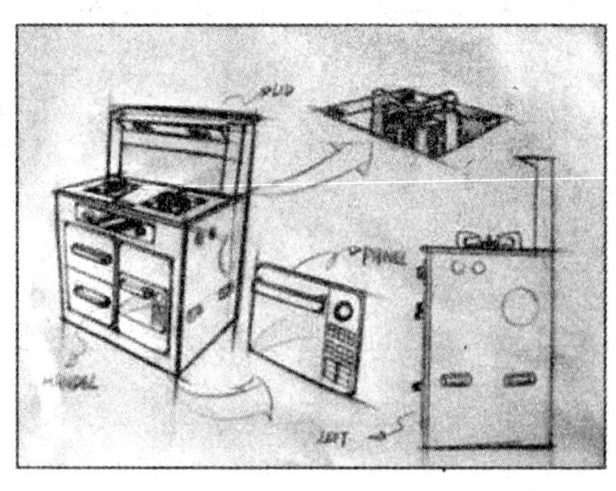

(c)

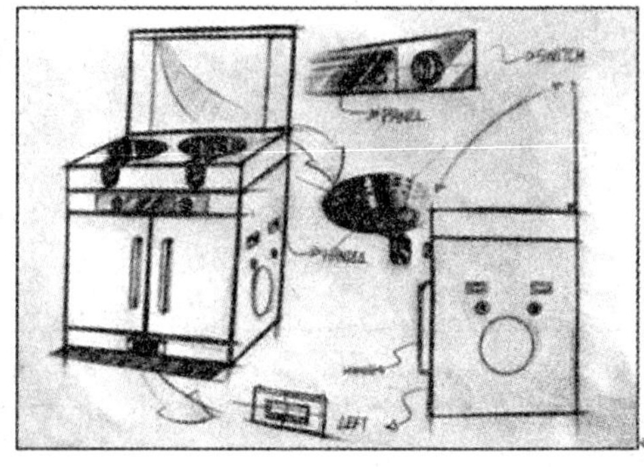

(d)

续图 6.6

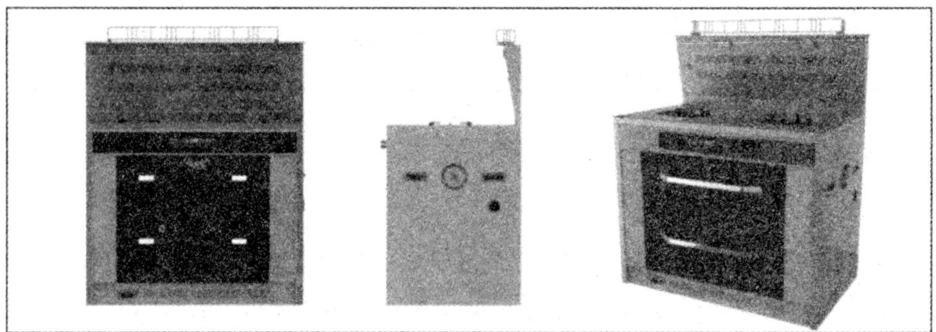

图 6.7 集成环保灶创新设计方案 S_1

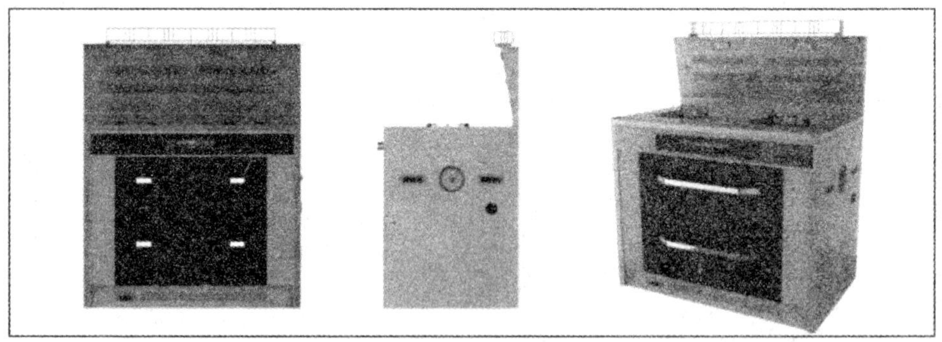

图 6.8 集成环保灶创新设计方案 S_2

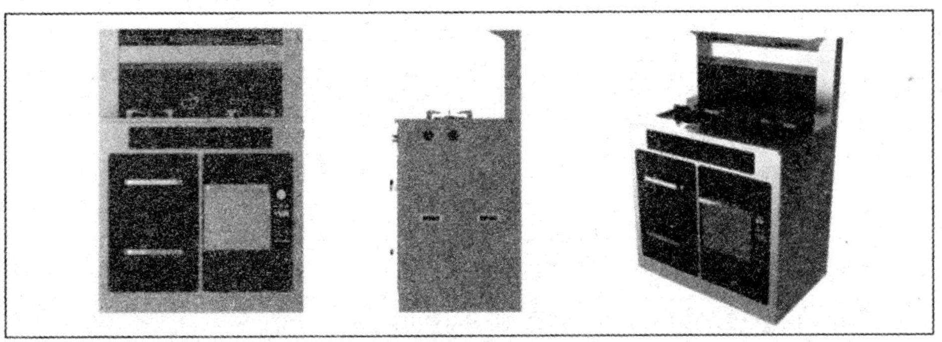

图 6.9　集成环保灶创新设计方案 S_3

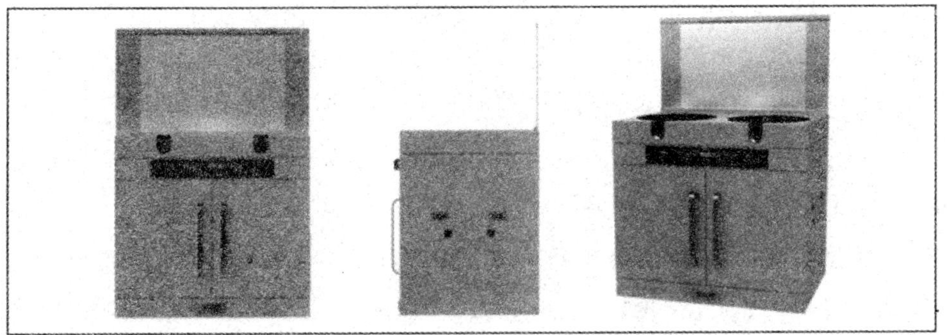

图 6.10　集成环保灶创新设计方案 S_4

第四阶段:烟机灶具创新方案评价

步骤 12:评价属性确定

采用第 5.3.1 节提出的基于 E 设计要素的评价属性体系进行设计方案的评价,如表 6.11 所示。

表 6.11　评价属性

评价属性			
F_1. 安全	F_5. 易用	F_9. 吸引力	F_{13}. 效力
F_2. 尺度	F_6. 审美	F_{10}. 易学	F_{14}. 功能
F_3. 舒适	F_7. 风格	F_{11}. 易维护	F_{15}. 环保
F_4. 省力	F_8. 语意	F_{12}. 效率	F_{16}. 性能

步骤 13:FTOPSIS 方案排序

现对 4 款集成环保灶创新方案 S_1,S_2,S_3,S_4,应用 FTOPSIS 方法过程(见 5.4.4 节),获得各款方案与理想解的相对贴近度,如表 6.12 所示。最后,得出 4 款集成环保灶设计方案的优先级排序为:$S_3>S_1>S_2>S_4$。

表 6.12 备选解与理想解的相对贴近度

	方案			
	S_1	S_2	S_3	S_4
d_i^+	91.18	92.7	91.9	93.73
d_i^-	86.13	85.39	87.64	84.8
C_i	0.486	0.479	0.512	0.475

步骤 14:敏感性分析

通过 21 项敏感性分析实验,研究 16 项评价属性权重的重要性以及对集成灶设计方案评价结果的影响。在实验 No.1～5 中,设定 16 个评价属性的权重评级依次均为(1,1,3),(1,3,5),(3,5,7),(5,7,9),(7,9,9)。在实验 No.6～21 中,依次设定某一个评价属性权重评级为(7,9,9),其余的均为(1,1,3)。通过 5.4.4 节所述方法过程计算获得四款方案的相对贴近度及排序,得出:方案 S_3 在实验 No.1～6、No.8～10、No.15、No.20 中共 11 次排在首位,方案 S_2 共 5 次在实验 No.11、No.12、No.16、No.18、No.21 中排在首位,方案 S_1 共 3 次在实验 No.7、No.14、No.17 中排在首位,方案 S_4 在实验 No.13、No.19 中共 2 次排在首位。因此,得出评价属性权重对评价结果的影响是比较敏感的,并且方案 S_3 成为最佳首选几率占 52.4%。

步骤 15:最优方案确定

综上过程分析,最终确立 S_3 为最优设计方案。该方案采用侧吸下排风结构,保证烟机工作时噪音低、吸油烟效能高。吸风口与灶头火苗保持一定安全距离,避免火苗吸入所产生的爆炸隐患。采用开放式横向槽型吸风口,易于吸风口处油污清洁。操控面板位于台面上,便于用户操作,且采用触摸式按键设计,易于使用与维护。大容量油盒设计位于柜体下端,方便抽卸清理。下端柜体部分,附加嵌入式消毒功能与微波烹饪功能模块,实现了烟机灶具的多功能性,且可以节省厨房空间。该方案体现了较好的人机交互、人机情感与人机效能,与厨房环境匹配良好。

6.4 本章小结

本章的主要工作是结合第 2、3、4、5 章的研究基础,将创新设计方案产生集成模型 E/QFD/TRIZ 与基于 FTOPSIS 的模糊多属性群决策评价方法相结合,创建了面向人机产品创新设计与评价的完整集成模型与方法过程。得到以下结论:

(1) 构建了面向人机产品创新设计与评价的完整集成模型 E/QFD/TRIZ/

FTOPSIS与具体步骤。该模型中,FTOPSIS方法的融入,有效弥补了传统QFD方法与TRIZ理论无法提供具体方案评价的共存缺陷。另外,依据该模型,提出了四阶段式创新设计与评价完整过程,依次为:人机用户需求优先度评价、人机创新设计关键定位、人机创新方案产生与人机创新方案评价。

(2) 通过厨房烹饪工作的危害分析,提出针对传统家庭厨房的分体式烟机灶具进行人机创新设计与评价,从而降低现有厨房烹饪工作的油烟、噪音及不良产品使用三方面的危害,打造健康环保厨房的设计理念。

(3) 在烟机灶具用户需求优先度评价阶段,采用问卷调研、专家访谈及E理论相关文献三种方法获得56项用户需求原始描述,确保需求信息的完整性。将其经由转化、合并及删除,李克特5点量表法与因子分析法分别进行用户需求优先度初评与结构优化。通过Cronbach's Alpha系数进行信度检测,筛除无效需求,确保需求的准确性。由于装饰效果、个性化、流线型、唯一性、时间显示功能、音乐播放功能项总计相关系数小于0.4,当被删除时,其分别对应的Alpha大于三个维度所有用户需求Alpha。因此,将这几项删除,最终确立了15项最终用户需求及优先度。

(4) 在人机创新设计关键定位阶段,确立了分体式烟机灶具的6项关键设计区域,并且分析出3个关键创新问题。

(5) 在人机创新方案产生阶段,利用TRIZ冲突矩阵、分离原理与推荐的40项发明原理,消除了关键创新问题中的冲突,提出集成环保灶创新概念,并将其通过手绘草图与三维建模效果图的形式图形化,产生4款集成灶设计方案。

(6) 在人机创新方案评价阶段,利用基于FTOPSIS模糊多属性群决策方法,求得4款方案与理想解的相对贴近度,据此获得方案排序。再通过敏感性分析得出评价属性权重对评价结果的影响是比较敏感的,并且确定最优设计方案。

(7) 通过厨房分体式烟机灶具的创新,论证了所提出的完整集成模型与四阶段式过程步骤的有效性与可行性。

研究工作总结与展望

基于E理论的人机产品开发可以解决由设计因素、生物因素、化学因素及物理因素引发的人在生产、生活与工作中出现的不舒适性、不安全性、低效性、复杂性、误操作性等问题。本研究基于用户驱动，将用户需求转化为设计特性，开发高满意度的人机产品设计方案，提出了人机产品创新设计与评价的完整集成模型，能够为设计阶段人机产品创新方案的实现与优选问题提供系统的理论与方法支持。研究工作得到以下主要结论：

(1) 构建了包括人机交互、人机情感与人机效能三个维度的人机产品用户满意度三维分类模型。提出依据三角测量法，即通过问卷调研、专家访谈及E理论文献三种方法相结合，获取用户需求原始描述，确保需求信息的完整性。创建了基于E理论的用户需求评价模型与方法流程，并将其作为简化的QFD质量屋的源头输入，创建了面向人机产品创新设计关键定位的集成模型E/QFD，据此确定设计阶段人机产品设计的关键创新问题与关键设计区域。该集成模型可有效弥补传统QFD方法缺陷1、2、3(见3.1.4节)。

(2) 集成模型E/QFD/TRIZ可实现人机产品创新设计方案产生，即确定满足用户需求的设计方案。同时，有效弥补传统QFD方法缺陷4(见3.1.4节)与TRIZ理论缺陷1、2(见4.1.4节)，并通过人机洗浴设施创新设计论证了该模型与方法流程的有效性。

(3) 运用语言变量，将1,3,5,7,9变换标度转化为三角模糊数，通过工业设计师、E专家、经验型用户与非经验型用户四类决策者群的问卷反馈数据信息获取多款设计方案的集结评价属性与方案的模糊权重评级，将其融入传统TOPSIS方法中，提出基于FTOPSIS的模糊多属性群决策方法，并通过敏感性分析确立评价属性权重对设计方案评价结果的影响，从而提高评价过程和结果的客观性与准确性。

(4) 在FTOPSIS模糊多属性群决策方法实施中，提出了两种评价属性构建方法。基于外观形态特征群的评价属性体系构建方法，以汽车形态设计为例获取了16项评价属性，但仅适用于汽车相关产品的评价，对于其他不同类型人机产品评价则需重新界定各形态特征群与形态单元，将产生不同的评价属性。基于E设计要素的评价属性体系构建方法，确立了 16 项评价属性，适合不同类人机产品方案评价，更具有通用性。

(5) 在 E/QFD/TRIZ 模型基础上，将基于 FTOPSIS 的模糊多属性群决策评价方法引入该模型中，有效解决了传统 QFD 方法与 TRIZ 理论的共有缺陷：无法提供客观的设计方案评价方法。最终创建了面向人机产品创新与评价的完整集成模型 E/QFD/TRIZ/FTOPSIS，并且依据该模型提出了四阶段式创新设计与评价完整过程，依次为：人机用户需求优先度评价、人机创新设计关键定位、人机创新设计方案产生及人机设计方案评价，共包括 15 项具体方法步骤。通过传统厨房分体式烟机灶具的人机创新设计与过程分析，提出了集成环保灶设计创新方案，论证了该集成模型与过程方法的有效性与可行性。

(6) 在厨房分体式烟机灶具创新设计与评价具体案例实施中，采用问卷调研、专家访谈及 E 理论相关文献三种方法泛选了 56 项用户需求原始描述，确保了用户需求的完整性。利用李克特 5 点量表法与因子分析法分别进行用户需求优先度初评与结构优化，通过 Cronbach's Alpha 系数进行信度检测，筛除无效需求，最终确立了 15 项最终用户需求及优先度，保障了用户需求的有效性，并将其作为简化的质量屋源头输入，构建了烟机灶具的设计质量屋。确立功能系统、功能空间配置、烟机吸风口结构、灶头结构、外观尺度与控制面板位置为分体式烟机灶具创新的 6 个关键设计区域。如何消除“烟机与灶台的距离”与“烟机与用户头部的距离”之间的冲突、“功能空间配置”与“结构”之间的冲突，以及“功能系统”与“外观尺度”之间的冲突是设计过程中的 3 个关键创新问题。利用 TRIZ 冲突解决原理、冲突矩阵、分离原理与推荐的40 项发明原理，选择发明原理“No. 13：反向”“No. 7：套装”“No. 17：维数变化”“No. 28：机械系统的替代”与“No. 5：合并”逐一分析求解，消除了 3 个关键创新问题中的冲突，提出重直侧吸式或环吸式烟机吸风口及下排风结构，增强消毒功能系统、微波与光波烹饪功能系统，将烟机、灶具、橱柜集成于一体的集成环保灶概念，并将其图形化，产生 4 款集成灶设计方案 S_1，S_2，S_3，S_4。利用基于 FTOPSIS 的模糊多属性群决策方法，求得 4 款方案与理想解的相对贴近度依次为 0.486，0.479，0.512，0.475，据此获得方案排序为 $S_3 > S_1 > S_2 > S_4$。通过敏感性分析得出评价属性权重对评价结果的影响是比较敏感的，其中方案 S_3 获得优选的几率占 52.4%，故最终确立 S_3 为最优设计方案。

针对人机产品创新设计与评价，取得了一定的研究成果，但是由于知识、能力和时间的限制，还有一些问题尚待解决，其后续研究工作需从以下几方面进一步完善：

（1）将粗糙集、区间数、模糊熵等模糊理论方法用于用户需求、设计特性的量化评价方法，提高数据评价与分析精度。

（2）拓展TRIZ物-场分析模型、发明问题的76项标准解法、发明问题标准算法等创新方法的集成应用，提高创新方案产生的路径与效率。

（3）从产品设计色彩、形态、材料、结构等空间匹配与优化问题着手，构建大规模数据库，开发基于网络平台与云计算的智能化设计评价方法。

（4）拓宽完整集成模型与四阶段式方法流程在其他不同类型产品创新中的应用，针对可能出现的设计问题，进一步完善模型与方法。

致　谢

本书的主要研究内容与成果源于2015年我的博士毕业论文。2010年我有幸成为南昌大学博士生导师杨明朗教授的开门弟子，杨老师对待科学研究严谨的治学态度、渊博的专业背景知识与文化素养、看待问题敏锐的洞察力、为人处世的风趣风格是我终生学习的榜样。在将博士毕业论文完善成书之际，衷心感谢杨老师给予我的诸多宝贵意见与悉心指导，浩瀚师恩将永铭于心。

感谢浙江工业大学刘肖健教授为本书作序。刘教授的学术思想与科研成果为本书及后期的拓展研究提供了有力的指导与借鉴。

感谢燕山大学艺术与设计学院院长陈国强教授对本书出版的大力支持，以及各位领导、同事和好友在工作、生活中的支持与帮助，让我能够协调好教学工作与科学研究的关系；感谢燕山大学艺术与设计学院设计艺术学专业与工业设计工程专业的硕士研究生、工业设计专业的本科生对我的协助。

感谢南昌大学刘卫东教授、熊兴福教授，在百忙之中对我的研究方向进行指导；感谢南昌大学机电学院与艺术学院诸位老师对我的关心和帮助，他们认真的工作态度使我心生感动。

感谢那些年里我的同窗舍友，是她们的指导与协助帮我解决了跨学科的知识难题。感谢我的师妹师弟，是他们的帮助和讨论让我增添了学习的激情和想法。

感谢我不辞辛苦的父亲与慈祥细心的母亲对我的辛勤养育、对我年幼儿子的精心照顾、对一切家务的承担，是他们的全力帮助使我在求学路上、工作中没有任何后顾之忧，全身心地投入学业与事业中。

感谢我的爱人与儿子一直以来的陪伴，他们的支持成为我前进路上的精神支柱，让我度过了博士阶段艰苦而又值得回味的日子。本书是在我博士论文的基础上整理与完善而成的，自2017年至2018年，历时两年之久。我很高兴和荣幸能够与设计界、学术界的专家、学者、同僚、研究生分享我的学术思想与成果。

张芳兰

2019年1月于燕园

参考文献

[1] 仇成. 创新问题解决理论(TRIZ)在产品设计领域的应用研究[D]. 南京:南京理工大学,2008.

[2] Cornella M A, Khasawneh M T. An ergonomic comparison of firearm safety mechanisms[J]. Ergonomics, 2008, 51(9):1394-1406.

[3] Kumar R, Kumar S. Musculoskeletal risk factors in cleaning occupation-A literature review[J]. International Journal of Industrial Ergonomics, 2008(38): 158-170.

[4] Scott P A, Charteris J, Bridger R S. Global ergonomics[M]. Amsterdam, The Netherlands: Elsevier Science, 1998.

[5] Stanton N A, Salmon P M. Planes, trains and automobiles: Contemporary ergonomics research in transportation safety[J]. Applied Ergonomics, 2011, 42(4): 529-532.

[6] Wang C F, Ma Q, Zhu D H, et al. Real-time control of 3D virtual human motion using a depth-sensing camera for agricultural machinery training[J]. Mathematical and Computer Modelling, 2013, 58(3): 782-789.

[7] García-Cáceres R G, Felknor S, Jorge E, et al. Hand anthropometry of the Colombian floriculture workers of the Bogota plateau[J]. International Journal of Industrial Ergonomics, 2012, 42(2): 183-198.

[8] Laios L, Giannatsis J. Ergonomic evaluation and redesign of children bicycles based on anthropometric data[J]. Applied Ergonomics, 2010, 41(3): 428-435.

[9] Zhang Z W, Li K W, Zhang W, et al. Muscular fatigue and maximum endurance time assessment for male and female industrial workers[J]. International Journal of Industrial Ergonomics, 2014, 44(2): 292-297.

[10] Jung H S, Jung H S. A survey of the optimal handle position for boxes with different sizes and manual handling positions[J]. Applied Ergonomics, 2010, 41(1): 115-122.

[11] Motamedzade M,Choobineh A,Mououdi M A,et al. Ergonomic design of carpet weaving hand tools[J]. International Journal of Industrial Ergonomics, 2007,37(7):581-587.

[12] Li K W. Ergonomic design and evaluation of wire-tying hand tools[J]. International Journal of Industrial Ergonomics,2002,30(3):149-161.

[13] Päivinen M,Heinimaa T. The usability and ergonomics of axes[J]. Applied Ergonomics,2009,40(4):790-796.

[14] Young-Corbett D E,Nussbaum M A,Winchester W W. Usability evaluation of drywall sanding tools[J]. International Journal of Industrial Ergonomics, 2010,40(1):790-796.

[15] Wood V,Buckle P. An investigation into the design and use of workplace cleaning equipment[J]. International Journal of Industrial Ergonomics,2005, 35(3):247-266.

[16] Jung M C,Hallbeck M S. Ergonomic redesign and evaluation of a clamping tool handle[J]. Applied Ergonomics,2005,36(5):619-624.

[17] Amick B C,Menéndez C C,Bazzani L,et al. A field intervention examining the impact of an office ergonomics training and a highly adjustable chair on visual symptoms in a public sector organization[J]. Applied Ergonomics, 2012,43(3):625-631.

[18] Szeto G P ,Straker L,Raine S. A field comparison of neck and shoulder postures in symptomatic and asymptomatic office workers[J]. Applied Ergonomics,2002,33(1):75-84.

[19] Grote G. Adding a strategic edge to human factors/ergonomics:Principles for the management of uncertainty as cornerstones for system design[J]. Applied Ergonomics,2014,45(1):33-39.

[20] Manresa-Yee C,Ponsa P,Varona J,et al. User experience to improve the usability of a vision-based interface[J]. Interacting with Computers,2010,22 (6):594-605.

[21] Carroll J M. Conceptualizing a possible discipline of human-computer interaction[J]. Interacting with Computers,2010,22(1):3-12.

[22] Wellings T,Williams M,Tennant C. Understanding customers' holistic perception of switches in automotive human-machine interfaces[J]. Applied Er-

gonomics,2010(41):8-17.

[23] Dul J,Bruder R,Buckle P,et al. A strategy for human factors/ergonomics: developing the discipline and profession[J]. Ergonomics, 2012, 55(4): 377-395.

[24] Balasubramanian V,Jagannath M,Adalarasu K. Muscle fatigue based evaluation of bicycle design[J]. Applied Ergonomics,2014,45(2):339-345.

[25] Tuch A N,Roth S P,Hornbæk K,et al. Bargas-Avila. Is beautiful really usable? Toward understanding the relation between usability,aesthetics,and affect in HCI[J]. Computers in Human Behavior,2012,28(5):1596-1607.

[26] Fazlollahtabar H. A subjective framework for seat comfort based on a heuristic multi criteria decision making technique and anthropometry[J]. Applied Ergonomics,2010,42(1):16-28.

[27] Akao Y. Quality function deployment:integrating customer requirements into product design Productivity Press[M]. Cambridge M A:Product Press,1990.

[28] Chen C H,Chong Y T,Chang W,et al. A quality-time-cost-oriented strategy for product conceptualization[J]. Advanced Engineering Informatics,2012,26(1):16-25.

[29] Germani M,Mengoni M,Peruzzini M. A QFD-based method to support SMEs in benchmarking co-design tools[J]. Computers in Industry, 2012, 63(2): 12-29.

[30] Vezzetti E,Moosa S,Kretli S. A product lifecycle management methodology for supporting knowledge reuse in the consumer packaged goods domain[J]. Computer-Aided Design,2011,43(2):1902-1911.

[31] Xiong W,Wang J L,Wang X T. Product concept generation and evaluation based on QFD and rough set theory[C]//2010 3rd International Conference on Information Management,Innovation Management and Industrial Engineering,Kunming:IEEE,2010:244-247.

[32] Marsot J. QFD:a methodological tool for integration of ergonomics at the design stage[J]. Applied Ergonomics,2005,36(2):185-192.

[33] Kuijt-Evers L F M,Morel K P N,Eikelenberg N L W,et al. Application of the QFD as a design approach to ensure comfort in using hand tools:Can the design team complete the House of Quality appropriately? [J]. Applied Er-

gonomics,2009,40(3):519-526.

[34] Lo C H ,Tseng K C ,Chu C H. One-step QFD based 3D morphological charts for concept generation of product variant design[J]. Expert Systems with Applications,2010,37(11):7351-7363.

[35] 张卫国,张国全,何海,等. 运用 TRIZ 理论解决复杂机电产品的创新设计问题[J]. 机械设计与研究,2005,21(3):15-18.

[36] 刘志峰,高洋,胡迪,等. 基于 TRIZ 与实例推理原理的产品绿色创新设计方法[J]. 中国机械工程,2012,23(9):1105-1116.

[37] 冷崇杰,项辉宇,闫晓玲. 基于 TRIZ 理论的产品结构创新设计[J]. 制造业自动化,2010,32(8):27-29.

[38] 冷崇杰,项辉宇. TRIZ 进化理论在滚筒洗衣机发展预测中的应用[J]. 制造业自动化,2011,33(8):8-10.

[39] 何川,张鹏,陈利琼. TRIZ 在概念设计中的应用[J]. 四川大学学报(工程科学版),2003,35(5):19-23.

[40] 刘晓敏,檀润华. 约束理论中当前实现树与冲突解决图表驱动创新设计研究[J]. 中国机械工程,2008,19(12):1442-1445.

[41] 张沙沙. 基于 TRIZ 的塔式起重机的人机工程学设计与研究[D]. 济南:山东建筑大学,2012.

[42] Pelt A V,Hey J. Using TRIZ and human-centered design for consumer product development[J]. Procedia Engineering,2011(9):688-693.

[43] Wits W W,Vaneker T H J. TRIZ based interface conflict resolving strategies for modular product architectures[J]. Procedia Engineering,2011(9):30-39.

[44] Li T S,Huang H H. Applying TRIZ and Fuzzy AHP to develop innovative design for automated manufacturing systems[J]. Expert Systems with Applications,2009 (36):8302-8312.

[45] 任朝晖,宋乃慧,李小彭,等. 质量功能配置方法中模糊信息建模[J]. 机械工程学报,2007,43(5):64-68.

[46] Melgoza E L,Serenó L,Rosell A,et al. An integrated parameterized tool for designing a customized tracheal stent[J]. Computer-Aided Design,2011,43(12):1173-1181.

[47] Vezzetti E,Moos S,Kretli S. A product lifecycle management methodology for supporting knowledge reuse in the consumer packaged goods domain[J].

Computer-Aided Design, 2011, 43(12): 1902-1911.

[48] Yeh C H, Huang J C Y, Yu C K. Integration of four-phase QFD and TRIZ in product R&D: a notebook case study[J]. Research in Engineering Design, 2011, 22(3): 125-141.

[49] 赵新军. 设计质量创新——QFD、TRIZ 和田口方法的集成应用[J]. 工程设计学报, 2004(4): 169-173.

[50] Deng Y M, Yu A B, Li W H, et al. Study on integrated design method based on AD, QFD, TRIZ and Taguchi method[J]. Advances in Engineering Design and Optimization, 2010, 37(10): 1301-1305.

[51] 马怀宇, 孟明辰. 基于 TRIZ/QFD/FA 的产品概念设计过程模型[J]. 清华大学学报（自然科学版）, 2001, 41(11): 56-59.

[52] 马彦辉, 何桢. 基于 QFD、TRIZ 和 DOE 的 DFSS 集成模式研究[J]. 设计与研究, 2007(1): 17-24.

[53] 邵云飞, 杜欣, 唐小我. 基于 6σ/QFD/TRIZ 集成的产品创新设计方法[J]. 系统工程, 2011(4): 77-83.

[54] 纪国华, 李彦, 胡艳, 等. 集成 QFD、TRIZ、CAPP 与 DOE 的产品创新设计模型[J]. 机械设计与制造, 2010, 28 (10): 89-93.

[55] 徐晓亮. 基于 QFD 与 TRIZ 理论的人机工程设计[D]. 合肥: 合肥工业大学, 2008.

[56] 尚志武, 王太勇, 万淑敏, 等. 集成 QFD、VE、TRIZ 的新产品开发系统 QVTS 研究[J]. 制造技术与机床, 2006, 22(1): 33-36.

[57] 韩光平, 刘凯, 王秀红. 基于 QFD/TRIZ/FUZZY 集成技术[J]. 传感技术学报, 2007, 20(2): 287-292.

[58] 韩欣廷. 建构整合 QFD、TRIZ 及 ANP 研发创新工具进行产品概念选择决策程序开发——以智慧型手机为例[D]. 新北: 台湾淡江大学, 2010.

[59] 侯智, 张根保, 余德忠, 等. 基于 QFD、TRIZ 和稳健设计的设计方法体系结构研究[J]. 机械设计与研究, 2003, 19(3): 17-19.

[60] 刘克, 谭蓉, 蔺琎, 等. 基于 QFD/TRIZ/FCE 技术的板式链设计研究[J]. 传动技术, 2009, 23(1): 25-28.

[61] Saaty T L. Modeling unstructured decision problems-the theory analytical hierarchies[J]. Mathematics & Computers in Simulation, 1978, 20(3): 147-158.

[62] Hwang C, Yoon K. Multiple attribute decision making methods and applica-

tions:A state-of-the-art survey[M]. New York:Springer,1981:86-89.

[63] 左军. 多目标决策分析[M]. 杭州:浙江大学出版社,1991:71-75.

[64] Macharis C,Springarl J,Brueker K,et al. PROMETHEE and AHP:The design of operational synergies in multi-criteria analysis: Strengthening PROMETHEE with ideas of AHP[J]. European Journal of Operational Research,2004,153(2):307-317.

[65] 徐克龙. 基于ELECTRE法的风险决策方法[J]. 重庆工商大学学报(自然科学版),2004,24(1):7-10.

[66] Shidpour H,Shahrokhi M,Bernard A. A multi-objective programming approach,integrated into the TOPSIS method,in order to optimize product design; in three-dimensional concurrent engineering[J]. Computers & Industrial Engineering,2013(64):875-885.

[67] 王体春,陈炳发,卜良峰. 基于信息公理的大型水轮机方案设计多属性优选模型[J]. 南京航空航天大学学报,2011,43(6):66-69.

[68] Chamodrakas I,Leftheriotis I,Martakos D. In-depth analysis and simulation study of an innovative fuzzy approach for ranking alternatives in multiple attribute decision making problems based on TOPSIS[J]. Applied Soft Computing,2011(11):900-907.

[69] Pei Z. Simplification of fuzzy multiple attribute decision making in production line evaluation[J]. Knowledge-Based Systems,2013,47(3):23-34.

[70] Maniya K D,Bhatt M G. An alternative multiple attribute decision making methodology for solving optimal facility layout design selection problems[J]. Computers & Industrial Engineering,2011,61(3):542-549.

[71] Cicek K,Celik M. Multiple attribute decision-making solution to material selection problem based on modified fuzzy axiomatic design-model selection interface algorithm[J]. Materials and Design,2010,31(4):2129-2133.

[72] 古莹奎,杨振宇. 概念设计方案评价的模糊多准则决策模型[J]. 计算机集成制造系统,2007,13(8):1504-1510.

[73] Lin L Z,Hsu T H,Huang L C. Application of fuzzy measures in the product appearance value assessment[J]. Applied Soft Computing, 2011, 11(2): 1867-1875.

[74] Liu H T. Product design and selection using fuzzy QFD and fuzzy MCDM ap-

proaches[J]. Applied Mathematical Modelling,2011,35(1):482-496.

[75] Chen L C,Chu P Y. Developing the index for product design communication and evaluation from emotional perspectives[J]. Expert Systems with Applications,2012,39(2):2011-2020.

[76] Augustine M, Yadav O P, Jain R, et al. Concept convergence process: A framework for improving product concepts[J]. Computers & Industrial Engineering,2010,59(3):367-377.

[77] Ghadimi P,Azadnia A H,Yusof N M,et al. A weighted fuzzy approach for product sustainability assessment: a case study in automotive industry[J]. Journal of Cleaner Production,2012,33(9):10-21.

[78] Chou J R. A linguistic evaluation approach for universal design[J]. Information Sciences,2012,190(5):76-94.

[79] Wang C H,Chen J N. Using quality function deployment for collaborative product design and optimal selection of module mix[J]. Computers & Industrial Engineering,2012,63(4):1030-1037.

[80] Wu Q. Fuzzy measurable house of quality and quality function deployment for fuzzy regression estimation problem[J]. Expert Systems with Applications,2011,38(12):14398-14406.

[81] 蔡文.可拓学理论及其应用[J].中国科学通报,1999,44(7):673-682.

[82] 龚京忠,邱静,李国喜,等.基于可拓理论的产品配置设计[J].计算机集制造系统,2007,13(9):1700-1709.

[83] 马辉,谭建荣,张树有,等.一种面向大批量定制的产品可拓设计方法[J].中国机械工程,2005,16(15):112-116.

[84] 阎树田,李立新,陆从相.基于可拓理论面向大规模定制的模块配置识别法[J].兰州理工大学学报, 2007, 33(4):13-17.

[85] 罗百祥.基于可拓方法的绿色质量机能展开的研究与应用[D].广州:广东工业大学,2010.

[86] 胡宝清,张轩,卢兆明.可拓评价方法的改进及其应用研究[J].武汉大学学报(工学版),2003,36(5):79-84.

[87] 邓聚龙.灰色系统理论教程[M].武汉:华中理工大学出版社,1990:55-57.

[88] 庞庆华.基于灰色理论的软件系统人机界面综合评价模型[J].计算机工程,2007,33(18):59-74.

[89] Wang K C. A hybrid Kansei engineering design expert system based on grey system theory and support vector regression[J]. Expert Systems with Applications,2011,38(7):8738-8750.

[90] Tai Y Y,Lin J Y,Chen M S,et al. A grey decision and prediction model for investment in the core competitiveness of product development[J]. Technological Forecasting & Social Change,2011,78(7):1254-1267.

[91] Chan J W K, Tong T K L. Multi-criteria material selections and end-of-life product strategy:Grey relation alanalysis approach[J]. Material & Design, 2007,28(4):1539-1546.

[92] Yousefi A ,Hadi-Vencheh A. An integrated group decision making model and its evaluation by DEA for automobile industry[J]. Expert Systems with Applications,2010,37(12):8543-8556.

[93] Chen C,Zhu J,Yu J Y,et al. A new methodology for evaluating sustainable product design performance with two-stage network data envelopment analysis[J]. European Journal of Operational Research,2012,221(2):348-359.

[94] Geng X L,Chu X N,Xue D Y,et al. A systematic decision-making approach for the optimal product-service system planning[J]. Expert Systems with Applications,2011,38(9):11849-11858.

[95] 刘英平,高新陵,沈祖诒. 基于模糊数据包络分析的产品设计方案评价研究[J]. 计算机集成制造系统, 2007,13(11):256-261.

[96] 柳顺,杜树新. 基于数据包络分析的模糊综合评价方法[J]. 模糊系统与数学,2010,24(2):77-82.

[97] 袁长峰,王万雷,李剑锋,等. 基于粗糙集和多人工神经网络模型的产品敏捷定制设计方法[J]. 中国机械工程,2011,10(8):926-931.

[98] 赵川,杨洁,曾强,等. 遗传算法改进的 BP 神经网络在协同创新评价中的应用[J]. 机械,2010(8):5-9.

[99] Tang C Y,Fung K Y,Lee E W M,et al. Product form design using customer perception evaluation by a combined superellipse fitting and ANN approach [J]. Advanced Engineering Informatics, 2013,27(3):732-744.

[100] Tsai H C,Hsiao S W,Hung F K. An image evaluation approach for parameter-based product form and color design[J]. Computer-Aided Design,2006, 38(2):157-171.

[101] 阎国利,自学军.广告心理学中的眼动研究和发展趋势[J].心理科学,2004,27(2):459-461.

[102] Kolers P A,Duchnicky R L,Ferguson D C. Eye movement measurement of readability of CRT displays[J]. Human Factors,1981,23(5):517-527.

[103] 刘颖.菜单视觉搜索过程的视觉追踪研究[D].杭州:浙江大学,2001.

[104] Fitts P,Jones R,Milton J. Eye movements of aircraft pilots during instrument landing approaches[J]. Aeronautical Engineering Review,1950,9(2):224-229.

[105] 安顺钰.基于眼动追踪的手机界面可用性评估研究[D].杭州:浙江大学,2008.

[106] 付炜珍,代小东,丁锦红.眼睛运动参数评价产品外观的可行性[J].中国组织工程研究,2005,9(28):1-3.

[107] Busenitz L W. Research on entrepreneurial alertness: sampling, measurement,and theoretical issues[J]. Journal of Small Business Management,1996,34(4):35-44.

[108] Tomatis L,Nakaseko M,Läubli T. Co-activation and maximal EMG activity of forearm muscles during key tapping[J]. International Journal of Industrial Ergonomics,2009,39(5):749-755.

[109] Cabec-as J M. The risk of distal upper limb disorder in cleaners: A modified application of the Strain Index method[J]. International Journal of Industrial Ergonomics,2007,37(6):563-571.

[110] Mirka G A,Jin S,Hoyle J. An evaluation of arborist handsaws[J]. Applied Ergonomics,2009,40(4):8-14.

[111] Galen G P V,Liesker H,Haan A D. Effects of a vertical keyboard design on typing performance,user comfort and muscle tension[J]. Applied Ergonomics,2007,38(1):99-107.

[112] Gheorghe R A, Bufardi A,Xirouchakis P. Fuzzy multicriteria decision aid method for conceptual design[J]. CIRP Annals - Manufacturing Technology, 2005,54(1):151-154.

[113] 许占民.产品风格约束的计算机辅助形态设计技术研[D].西安:西北工业大学,2007.

[114] 黄海波,丁玉兰.使用模糊数学理论对产品方案进行人机工程学评价[J].人

类工效学,2005,11(3):99-103.

[115] 周海海,陈黎,胡伟峰. 整合 DFMA 的产品造型多元质量评价方法[J]. 机械设计与制造,2012,25(6):285-287.

[116] Ma M Y,Chen C Y,Wu F G. A design decision-making support model for customized product color combination[J]. Computers in Industry,2007,58(6):504-518.

[117] 张全. 产品色彩智能设计理论与方法研[D]. 西安:西北工业大学,2007.

[118] 王可. 计算机辅助色彩设计理论和方法研究[D]. 西安:西北工业大学,2006.

[119] Jordan P W. Human factors for pleasure in product use[J]. Applied Ergonomics,1998,29(1):25-33.

[120] Jordan P W,Green W S. Pleasure with Products:Beyond Usability[M]. London:CRC Press,2002:87-89.

[121] Lee C. Ergonomics Design and evaluation using a multidisciplinary approach: Application to hand tools[D]. Pennsylvania: Pennsylvania State University,2005.

[122] Mugge R,Schoormans J P L. Product design and apparent usability. The influence of novelty in product appearance[J]. Applied Ergonomics,2012,43(6):1081-1088.

[123] Kauppinen-Räisänen H,Luomala H T. Exploring consumers' product specific colour meanings[J]. Qualitative Market Research: An International Journal,2010,13(3):287-308.

[124] Fenko A,Schifferstein H N J,Hekkert P. Shifts in sensory dominance between various stages of user-product interactions[J]. Applied Ergonomics,2010,41(1):34-40.

[125] Mack Z,Sharples S. The importance of usability in product choice:a mobile phone case study[J]. Ergonomics,2009,52(12):1514-1528.

[126] Reinders M J,Frambach R T,Schoormans J P L. Using product bundling to facilitate the adoption process of radical innovations[J]. Journal of Product Innovation Management,2010,27(7):1127-1140.

[127] Sauer J,Seibe K,Rüttinger B. The influence of user expertise and prototype fidelity in usability tests[J]. Applied Ergonomics,2010,41(1):130-140.

[128] Sonderegger A,Sauer J. The influence of design aesthetics in usability tes-

ting:effects on user performance and perceived usability[J]. Applied Ergonomics,2010,41(3):403-410.

[129] So R H Y,Lam S T. Factors affecting the appreciation generated through applying human factors/ergonomics (HFE) principles to systems of work [J]. Applied Ergonomics, 2014,45(1):99-109.

[130] Dul J,Bruder R,Buckle P,et al. Strategy for human factors/ergonomics:developing the discipline and profession [J]. Ergonomics, 2012, 55 (4): 377-395.

[131] 李思丰,李延来,蒲云. 基于群体模糊信息的产品规划中顾客需求的分析方法[J]. 计算机集成制造系统,2012,18(9):2018-2017.

[132] 王文博,陈秀芝. 多指标综合评价中主成分分析和因子分析方法的比较[J]. 统计与信息论坛,2006,21(5):19-22.

[133] 王学民. 主成分分析因子分析应用中值得注意的问题[J]. 知识丛林,2007,11(6):142-143.

[134] Chan K Y,Kwong C K,Dillon T S. Computational Intelligence Techniques for New Product Design [M]. Berlin: SpringerScience & Bussiness Media,2012.

[135] 盛骤,谢式千,潘承毅. 概率论与数理统计[M]. 北京:高等教育出版社,2010:51-55.

[136] 余建英,何旭宏. 数据统计分析与 SPSS 应用[M]. 北京:人民邮电出版社,2003:76-79.

[137] 李怀祖. 管理研究方法论[M]. 西安:西交通大学出版社,2004:99-104.

[138] 李朝玲. 质量功能展开的系统建模及应用研究[D]. 青岛:青岛大学,2009.

[139] 王亚萍. 需求驱动的个性化产品配置设计方法研究[D]. 哈尔滨:哈尔滨理工大学,2010.

[140] 郝永敬,吴晓丹,等. 使用主因素分析法重构质量屋[J]. 计算机集成制造系统,2002,8(2):162-165.

[141] Shin J S,Kim K J. Complexity reduction of a design problem in QFD using decomposition [J]. Journal of Intelligent Manufacturing, 2000, 11 (4): 339-354.

[142] 张芳兰,杨明朗,刘卫东. 基于 QFD 的汽车造型设计特性优先度评价方法[J]. 包装工程,2014,35(24):59-62.

[143] 顾立白.基于 QFD 和 TRIZ 集成的新产品开发方法研究[D].合肥:中国科学技术大学,2005.

[144] 梁文宾.基于 QFD 与 TRIZ 的服务创新方法[D].天津:天津大学,2006.

[145] Petrov V. Laws of development of needs[J]. TRIZ Journal, 2006, 12(1):1-7.

[146] 张芳兰,杨明朗,刘卫东.基于 TRIZ 技术与需求进化理论的产品创新[J].南昌大学学报(理科版),2014,38(2):192-195.

[147] 张芳兰,史慧君,陈国强.基于 E/HOQ/TRIZ 的人机产品创新方法研究[J].图学学报,2016,37(6):759-764.

[148] 谭浩,赵江洪,赵丹华,等.汽车造型特征定量模型构建与应用[J].湖南大学学报(自然科学版),2009,36(11):27-31.

[149] 李荣钧.模糊多准则决策理论与应用[M].北京:科学出版社,2002:31-37.

[150] Maniya K D,Bhatt M G. An alternative multiple attribute decision making methodology for solving optimal facility layout design selection problems [J]. Computers & Industrial Engineering,2011,61(3):542-549.

[151] 姜华,高国安,刘栋梁.多准则决策评价系统设计[J].系统工程理论与实践,2000, 20(3):12-16.

[152] Kahraman C,Engin O,Kabak O,et al. Information systems outsourcing decisions using a group decision-making approach[J]. Engineering Applications of Artificial Intelligence,2009,22(6):832-841.

[153] Wang W P. Toward developing agility evaluation of mass customization systems using 2-tuple linguistic computing[J]. Expert Systems with Applications,2009,36(2):3439-3447.

[154] Aydogan E K. Performance measurement model for Turkish aviation firms using the rough-AHP and TOPSIS methods under fuzzy environment[J]. Expert Systems with Applications,2011,38(4):3992-3998.

[155] Kelemenis A,Ergazakis K,Askounis D. Support managers' selection using an extension of fuzzy TOPSIS. Expert Systems with Applications[J]. Expert Systems with Applications,2011,38(3):2774-2782.

[156] Rao P V,Baral S S. Attribute based specification,comparison and selection of feed stock for anaerobic digestion using MADM approach[J]. Journal of Hazardous Materials,2011,186(2):2009-2016.

[157] Yan G, Ling Z, Dequn Z. Performance evaluation of coal enterprises energy conservation and reduction of pollutant emissions base on GRD-TOPSIS [J]. Energy Procedia, 2011(5): 535-539.

[158] Afshar A, Marino M A, Saadatpour M, et al. Fuzzy TOPSIS multi-criteria decision analysis applied to karun reservoirs system[J]. Water Resource Management, 2011, 25(2): 545-563.

[159] Wang J, Fan K, Wang W. Integration of fuzzy AHP and FPP with TOPSIS methodology for aero engine health assessment[J]. Expert Systems with Applications, 2010, 37(12): 8516-8526.

[160] Saremi M, Mousavi S F, Sanayei A. TQM consultant selection in SMEs with TOPSIS under fuzzy environment[J]. Expert Systems with Applications, 2009, 36(2): 2742-2749.

[161] 王建维,张建明,魏小鹏,等. 产品方案的模糊协同评价方法[J]. 农业机械学报, 2005, 36(6): 106-110.

[162] Gau W L, Buehrer D J. Vague sets[J]. IEEE Transactions Systems Man and Cybernetics, 1993, 23(2): 610-614.

[163] 杨程,孙守迁,刘征,等. 基于主成分分析的产品外观设计决策模型[J]. 中国机械工程, 2011, 22(18): 2218-2223.

[164] 周珍,吴祈宗,刘福祥,等. 基于区间值 Vague 集的多准则模糊决策方法[J]. 北京理工大学学报, 2005, 25(11): 1019-1023.

[165] 周庆忠,曹慧娥. 机械产品设计方案的灰色模糊综合评价[J]. 机械设计与制造, 2001, 38(3): 6-8.

[166] 周珍,吴祈宗. 基于 Vague 集的多准则模糊决策方法[J]. 小型微型计算机系统, 2005, 26(8): 1350-1353.

[167] Vergara M, Mondragón S, Sancho-Bru J L, et al. Perception of products by progessive multisensory integration. A study on hammers[J]. Applied Ergonomics, 2011, 42(5): 652-664.

[168] 梁峭,赵江洪. 汽车造型特征与特征面[J]. 装饰, 2013(11): 87-88.

[169] Yao X, Hu H Y, LI J. User Knowledge Acquisition in Automobile Engineering Styling Design[J]. Systems Engineering Procedia, 2012(3): 139-145.

[170] 蔡毅,邢岩,胡丹. 敏感性分析综述[J]. 北京师范大学学报(自然科学版), 2008, 44(1): 9-16.

[171] Borgonovo E, Peccati L. Uncertainty and global sensitivity analysis in the evaluation of investment projects[J]. Journal of Production Economics, 2006, 104(1):62-73.

[172] 徐崇刚,胡远满,常禹,等. 生态模型的敏感性分析[J]. 应用生态学报,2004,15(6):1056-1062.

[173] 陈太聪,韩大建,苏成. 参数灵敏度分析的神经网络方法及其工程应用[J]. 计算力学学报,2004,21(6):752-756.

[174] 夏元友,熊海丰. 边坡稳定性影响因素敏感性人工神经网络分析[J]. 岩石力学与工程学报,2004,23(16):2703-2707.

[175] 张芳兰,杨明朗,刘卫东. 基于模糊 TOPSIS 方法的汽车形态设计方案评价[J]. 计算机集成制造系统,2014,20(2):276-283.

[176] Zhang F L, Yang M L, Liu W D. Using Integrated Quality Function Deployment and Theory of Innovation Problem Solving Approach for Ergonomic Product Design[J]. Computer & Industrial Engineering, 2014, 76(10): 60-74.

[177] 李永斌,王建. 集成灶的技术分析及发展建议[J]. 山西科技,2013,8(3):157-158.

[178] Rim D, Wallace L, Nabinger S, et al. Reduction of exposure to ultrafine particles by kitchen exhaust hoods: The effects of exhaust flow rates, particle size, and burner position[J]. Science of the Total Environment, 2012, 432(6):350-356.

[179] Kerr S J, Tan O, Chua J C. Cooking personas: Goal-directed design requirements in the kitchen[J]. Int. J. Human-Computer Studies, 2014, 72(2): 255-274.

附　　录

附录 A　汽车外观形态 24 项评价属性公信度评测

年龄：__________　　　　　性别：__________

在以下汽车外观形态 24 项评价属性中，请在认为重要的属性后打“√”：

1. 前大灯形态意象 __________
2. 前大灯与整体前围比例 __________
3. 进气格栅结构样式 __________
4. 进气格栅与整体前围比例 __________
5. 进气格栅形态意象 __________
6. 引擎罩形面走势 __________
7. 前视轮廓 __________
8. 前窗与整体前围比例 __________
9. 前窗功能与样式统一 __________
10. 雨刷功能与样式统一 __________
11. 整体前围风格 __________
12. 前脸形态意象 __________
13. 侧窗功能与样式统一 __________
14. 侧窗轮廓 __________
15. 侧窗与整体侧围比例 __________
16. 腰线曲率与位置 __________
17. 裙摆线位置 __________
18. 侧视轮廓 __________
19. 车门款式 __________
20. 把手与车门比例 __________
21. 把手形态精致 __________
22. 侧灯与整体侧围比例 __________
23. 侧灯布置适宜 __________
24. 整体侧围风格 __________

附录B 厨房烟机灶具用户需求重要度问卷调查

年龄：________　　　　性别：________

请按照下表所示关于重要程度的5个等级及相对应的评级数，对问卷中所列出的所有关于厨房烟机灶具使用的用户需求重要度进行评价。

重要程度	极不重要	不重要	一般	重要	极为重要
评级	1	2	3	4	5

1. 吸油烟效能：烟机吸油烟的效果与能力。　评级：________
2. 舒适：烟机噪音尽可能低，灶具与烟机整机操控舒适。　评级：________
3. 火力效能：灶具火力强，大小可调，能够充分燃烧且节能。　评级：________
4. 安全：安全操作，安全使用与相关安全装置。　评级：________
5. 易维护：易于清洁、维护、保养。　评级：________
6. 易用：控制面板简便，方便使用。　评级：________
7. 省空间：整体尺度与结构合理，节省空间。　评级：________
8. 耐用：材料与品质优质，使用寿命长。　评级：________
9. 形态美观：外观造型美观。　评级：________
10. 个性化：与众不同，彰显特色。　评级：________
11. 流线型：外观轮廓呈流线型曲线形式。　评级：________
12. 装饰效果：装饰性的图案、材料。　评级：________
13. 色彩宜人：色彩和谐、舒适，使人愉悦。　评级：________
14. 时间显示功能：时间显示与定时功能。　评级：________
15. 音乐播放功能：音乐播放功能。　评级：________
16. 通用性：灶头尺度标准，适用不同底部样式的锅具。　评级：________
17. 风格协调：整体式样与橱柜及厨房其他物件匹配。　评级：________
18. 多功能：除基本功能外，兼具额外必要的辅助功能。　评级：________
19. 智能操控：智能操控面板，自动化系统。　评级：________
20. 唯一性：独特，不雷同。　评级：________
21. 精细的工艺：材料与工艺处理精细度高。　评级：________